U0214488

冠軍只是當下　學習才是永遠

Exploring Bread,
a way of seeing the world

让我们，
通过面包悦读世界

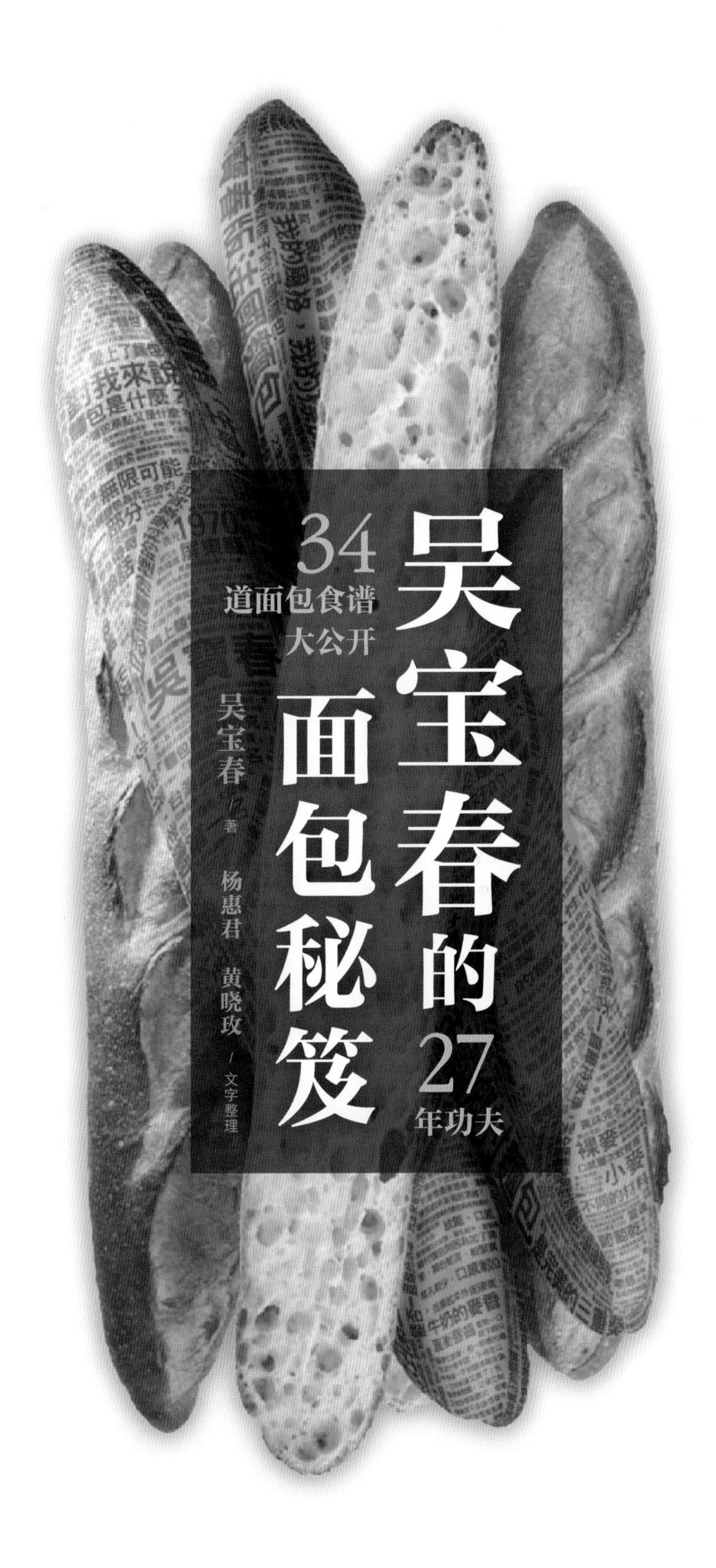

吴宝春的面包秘笈

27年功夫

34道面包食谱大公开

吴宝春 / 著

杨惠君 黄晓玫 / 文字整理

海峡出版发行集团 THE STRAITS PUBLISHING & DISTRIBUTING GROUP | 福建科学技术出版社 FUJIAN SCIENCE & TECHNOLOGY PUBLISHING HOUSE

他序（代）

平凡的不凡

去年十一月，在台北诚品书店《云去云来》新书发布会的后台，发现化妆桌上有两个大面包，那面包圆圆大大膨膨的。“哇！看起来就知道很好吃！”饿了许多天的我眼睛发亮地惊呼。周围几个台湾人异口同声地说：“这是吴宝春面包，他在巴黎得到世界面包赛冠军。”我掰开来，一股新鲜面包的香气扑鼻而来，里面布满了龙眼干与核桃，见到最爱吃的龙眼干，我剥一小块往嘴里，便不由自主地一口接一口地吃将起来，好友 Amy 见我没有停下的意思，马上请人把面包收起来，她怕我之前为了上台辛苦瘦身，到最后一秒却前功尽弃。

回港时带了十个大面包分送给朋友，自己每天早起、睡前和下午茶都吃几块。记得女儿小时候最爱听我讲儿童故事《一片比萨一块钱》：“有钱的朱富比，爱好吃蛋糕。他的车上有部侦测器，十里内有好蛋糕，他都闻得到。他请司机买两块好吃的蛋糕，司机拿起蛋糕，整块塞进口，口水还没流，已经吞到胃里。朱富比摇摇头，他说：‘这么好的蛋糕，这样吃法太不礼貌。应该先用眼睛欣赏它的外形。然后用鼻子细细把香味闻闻，再用叉子温柔地切下一块，感受它的弹性，最后才送入口中，用牙齿、舌头来品味它的生命……’”我就是这样对待吴宝春面包。烤过的面包更是外脆内Q[①]，龙眼配核桃加上吴宝春的老面粉，口感特别好。眼看面包快要吃完了，竟然惆怅起来，仿佛上了瘾。从来不爱麻烦人的我，居然为了面包去麻烦时报出版社总经理，人家大忙人还帮我寄了三箱二十几个面包到香港，心想，哪天见到吴宝春，一定要开他玩笑：“你面包里是不是放了鸦片？”

二月三号到台湾，特别请朋友接机时带两个吴宝春面包，我坐进车里就像捧西瓜似的捧着大面包，从桃园一路吃到台北。朋友见我这么爱吃，拨了个电话给吴宝春，原来他们是认识的，我接过电话跟他谈了许多有关面包的故事，没想到第二天他竟亲自带了三个大纸箱，里面装满桂圆核桃包、巨型的葡萄蛋糕和凤梨酥来跟我午餐。

吴宝春个子不高、瘦瘦小小，一身轻便装，带着几分腼腆，四十多岁的人看起来三十出头。席间他说识字不多，是在服兵役期间朋友教他的，这倒令我讶异。最让我动容的是他说：“我十七岁时站在中正纪念堂，遥望着‘总统府’。当时想着里面住着谁啊，里面长什么样子呢？而且又这么多宪兵在看守，好威风哦。好想进去看看喔。但是，那地方不是我们这种人可以进去的，永远不可能。

吴宝春你别妄想了。”之后他又说：“多年后我从‘总统府’三楼望向中正纪念堂，当下心情五味杂陈，觉得很不可思议，我居然做到了，好像在做梦一样。我看见十七岁的吴宝春。”我问他为什么到“总统府”，原来他得了世界面包大师赛的冠军，马英九先生召见他。

临别上车前，一路走他一路说：“所以有今天全是因为对妈妈的爱。”我好奇地问妈妈给了他什么样的爱？他简单地说：“不怨天尤人，不放弃我们。”前一晚才听另一位成功的企业家说了一模一样的话，他们都是在穷苦的乡下长大，母亲都不识字，给儿子的爱就凭那十个字，听起来简单，却是用一辈子的时间，无怨无尤地付出。

回家翻看他送我的《柔软成就不凡》，对他有更深的了解。他母亲为了养育一家人，虽然个子瘦小，却在凤梨田里辛苦工作，还要到餐厅兼差。为了减轻母亲的负担，想让她过上好日子，吴宝春十七岁就到台北做学徒，一天工作十几个小时，夜晚累倒在地下室的面包推车上而无人知。因为喜欢看爱国电影（包括我的《八百壮士》等）崇拜英雄，执意要当兵，却因体重太轻不够格，灌下两瓶矿泉水才勉强过关。

吴宝春一路走来，一步一脚印，从台湾冲出亚洲再到欧洲，一次次的比赛中，深刻地体会到“只要肯努力，没有事情做不到”。

我跟他说：“我最爱吃桂圆干，可从来没吃过这么好吃的桂圆干，润润的，一点都不干。”

“我挑选的是来自台南县东山乡的古法烟熏龙眼干，由老农睡在土窑边严控窑火，六天五夜不熄火以手工不断翻焙，每九斤龙眼才能制成一斤，所以很Q甜，是以木材熏烤的独特香气的正宗台湾龙眼干。”

“你的面包太好吃了！”

“当你把爱、怀念揉进面团，发酵完再烤后，别人是能够品尝出爱的味道的。这是我怀念妈妈，用妈妈的爱做成的面包。”

影星 

林青霞

编者注

本文原载于香港《明报月刊》2015年3月刊，经作者林青霞同意登载于此。

左页文中：

① 表示口感劲道。

自序

一直寻找的答案

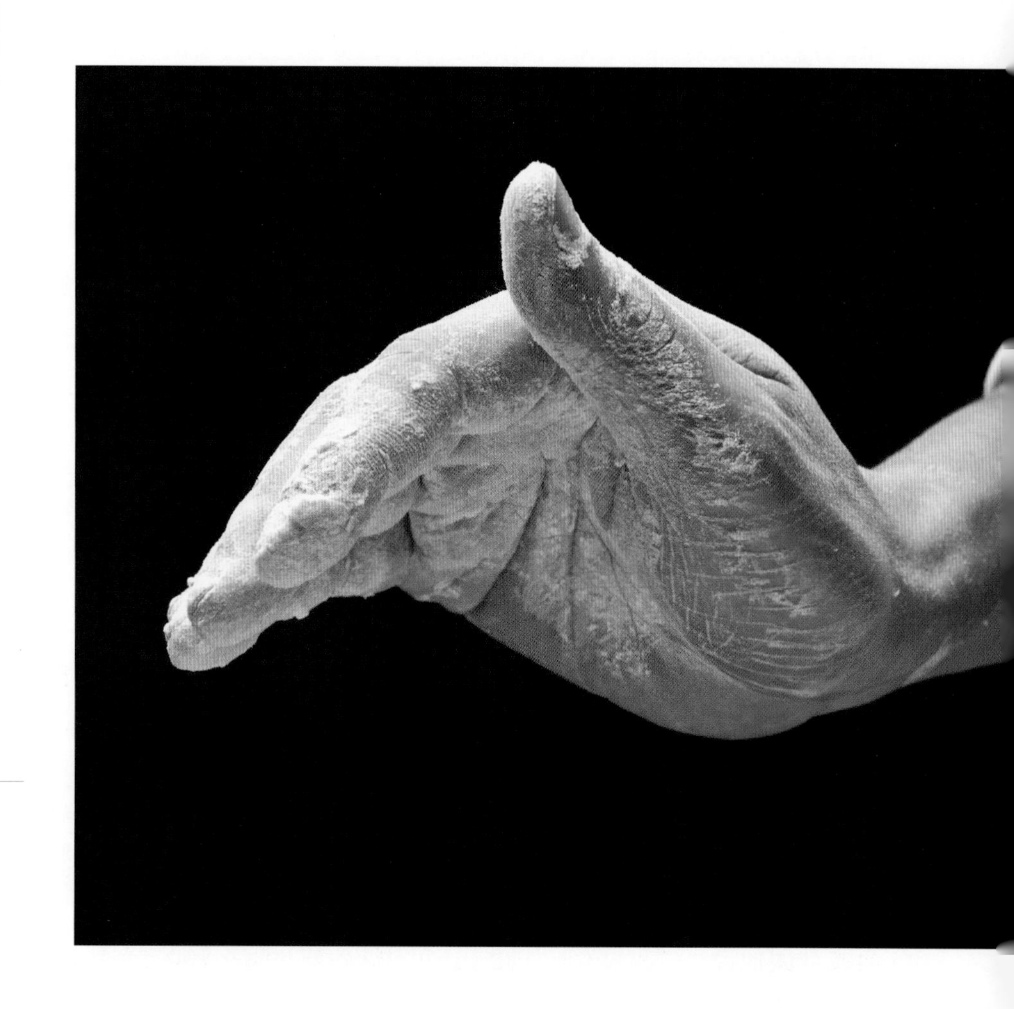

做出好吃面包的秘诀是什么？常常有人这样问我。其实，这也是我一直在寻找的答案。

两度参加世界面包大赛是我的寻道之路，抵达终点后我终于明白，答案并不在冠军奖杯里，而是藏在沿途每一次的跌跌撞撞和柳暗花明里，握住奖杯时，我更真切感受到过往失败的可贵。

曾经，我夜夜在打烊后的工厂里反复压面、裹油，手中的可颂却总是憔悴、枯萎，屡战屡挫、屡挫屡试，才知道原来根本用错了面粉；曾经，我用敷衍冷漠的态度应付贝果，误以为它索然无味，才发现其实是我没有认真赋予它生命。

面包，是一种没有框架的艺术，既得要有一丝不苟、按部就班的科学精神，又不能缺乏灵动的想象力和创造力。小小的面团在股掌间揉出千变万化，让它迸发诱人的魔力。做面包的基础说起来很简单，就是面粉、食材、温度、时间以及揉面的控制。但实际制作起来的工序并不简单，除了依照食谱或前辈们提供的数值及科学方法，还要反复不断地试验和练习，直到做出自己满意的口味和口感为止。训练靠手，领悟在脑，决胜关键则是心。过程相当辛苦，只要些微的差别，面包成品的风味可能就差之千里，但这也是做面包最令人迷恋到无法自拔的地方，一下是实验师，一下变成魔法师，一回头可能尝到连自己都嫌恶的东西，下一回合又摇身一变成了发明家。建议读者在做面包时，一定要把过程和相关数据记录下来反复推敲，因为实在是太有趣了！但是切记，尝到麦香味的感动前，必先通过挫折失败种种关卡。希望通过本书的分享，能让爱面包的你少一点摸索的过程。

一块面包，像是一座森林、一座海洋，每一回探索做出好味面包的过程，都像是一次寻宝历险，终于寻获藏宝时，心中充盈着喜悦和满足，那份悸动丰沛巨大到想与人分享。这本书的诞生要感谢很多人，书里记录的都是过去与现在出现在我店里的产品，不但是受到消费者青睐的面包，我自己也很喜欢，某些面包并非由我一个人从头到尾研发而成，麦香中包裹着许多前辈和同事的智慧，他们包括我的启蒙老师张金福、柳金水、施坤河及陈铭信师傅；平友治师傅、加藤一秀师傅、松本哲也师傅、野上智宽师傅、伊原靖友师傅、福王寺明师傅、陈抚洸师傅、周王孙杰以及店里的前主厨张泰谦师傅，我由衷感谢你们！要感谢的人太多，在此就不一一列出，所有曾经帮助过我、与我一起激荡创意和技术的人，真心谢谢你们！

我还要特别感谢台北、高雄店的公司团队及两位主厨：谢忠祐师傅和施政乔师傅。他们把许多年轻人的想法揉进面包里，创造出更多创新的口味，实在协助本书不少。也感谢协助食谱制作的经纪团队：刘映虹、曾文怡、吴珮筠，摄影王永泰，文字整理杨惠君、黄晓玫，以及远流出版公司出版四部所有同仁。

与其说这是一本做出好面包的成功秘笈，它更像是一本悟道书。这是我二十七年来的功夫总验收与心得感想，我把它献给喜欢吃面包、做面包的师傅们和读者们。只要你爱面包，这本书都适合你。

目录

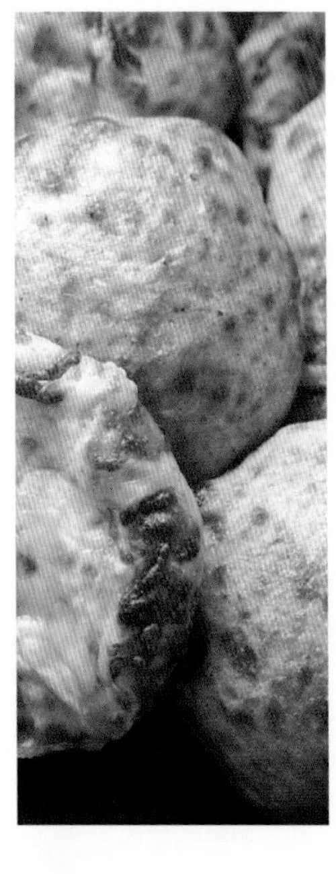

工具篇

「工欲善其事，必先利其器」

烘焙的基本功要从“精准”的基础上展开，在重量、温度、时间三面魔术方块中翻转，直到每一面都能完全命中、丝毫不差；再由造型、装饰、变化中着手，尽情发挥无边无际的创意。

本书介绍的各款面包食谱和配方，是基本功方向的；要让面包功力朝更专业的方向精进，还需要选择适合的“武器”，也就是做面包的各项器具和配备。在我个人的烘焙生涯中，也曾遇过因为设备、环境未达标准，使做出来的面包质量无法稳定的情况。因此我的看法是：专业的面包一定要同时经过专业技术和专业设备的打造，才能完整表现。

你若是面包的初学者，意在享受自己动手做面包的乐趣，许多做面包的条件就不见得要完全比照专业基准来建置，但对自家的环境条件和家用烤箱等设备，就必须更费心思去掌控和换算。比如书中的烤焙温度是以专业大型烤箱为基准的，换成家庭烤箱的话，就得反复试过几遍，才能掌控温度和时间上的差异。这部分没办法有一个较明确的公式换算，因为每个环境条件都不尽相同；但这也是自己动手做面包最大的趣味和成就。

法国欧式面包大师里欧奈·普瓦兰（Lionel Poilane）曾说，做面包并非仅靠“食谱配方”，而是要将食谱加以“解读”和“重审”，所凭的是直觉、判断力以及经验主义，亦即通过长期观察累积的智慧。

以下是书中介绍的面包所用到的基本配备和工具，供大家参考。

大型器具

螺旋式搅拌机

搅拌机的型号对成品风味影响不大，反而是搅拌时间会影响面团的筋度与成形，需要经过不断尝试才可以得到经验值。

直立式搅拌机

适用于较软或材料丰富的面团，比如台式甜面包面团。

烤箱

家用烤箱最好有上火、下火独立设置功能；若要做欧式面包，则还需要有蒸气功能。

木制发酵箱

面团发酵的室内温度依照面包种类的不同而有差别，本书有详细标示各面团发酵时的最佳温度。

小型工具与模型说明

帆布

面团发酵时放在帆布上，这样做可阻隔冰冷烤盘、不影响发酵的温度，也能让面团向上发酵、不外扩，从而让发酵充分，确保面包的口感。

按秤

用于分割面团时称重，因为分割面团须快速完成，才不会影响发酵时间；电子秤过于敏感，面团稍晃动即影响称重，无法快速进行。

电子秤

多用于材料称重。

铁制分割刀

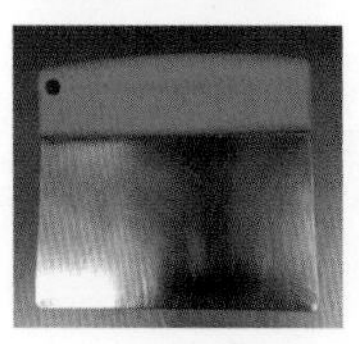

铁制分割刀适用于分割面团。

橡皮刮刀

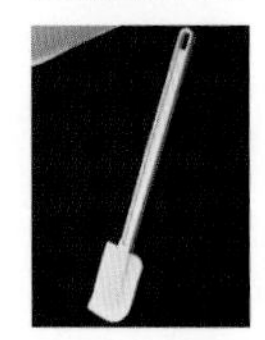

橡皮刮刀适用于拌匀馅料或刮净剩余馅料。

刀片

用于面包造型，宜选用长柄刀片。划面包时，刀片要与面团呈45°；只能划开面团表皮，不能划入面心，以免烤焙时蒸气侵入面心，影响蓬松度。

长擀面棍

用于面包整形，让面团平整。不同材质的擀面棍差异不大。

挤奶油三角袋

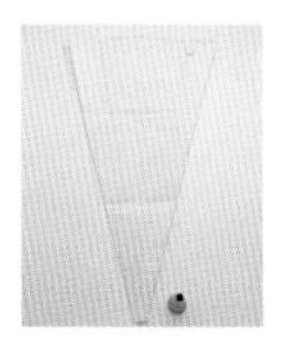

用于将各种馅料填入面包里。

面包锯子刀

用于分割面包。分割时须以锯木方式轻轻切开，勿以切菜方式使力下压，这样会影响面包口感。

小筛网

多用于面包装饰，如洒糖粉、面粉、可可粉时使用。

烤盘

用于置放面包。可选用经过不沾处理的烤盘。

牛刀

切割可颂类面团的专用刀。

桂圆洒粉模型

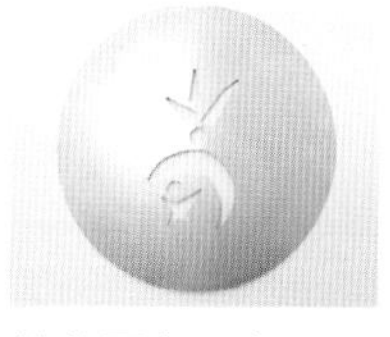

用于美化面包及标示品牌，可自行设计及订做属于自己风格的模型。

荔枝洒粉模型

用于美化面包及标示品牌，可自行设计及订做属于自己风格的模型。

剪刀

用于剪面团，多用在为面包做造型时。

小刀（钢制）

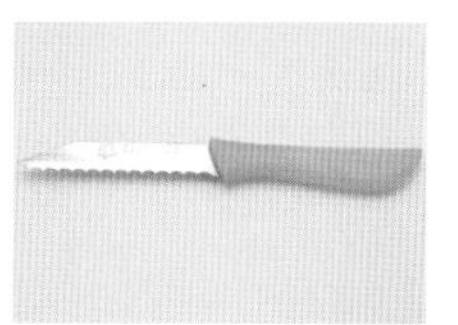

用于划开面团，将面团撑开。

白吐司模型

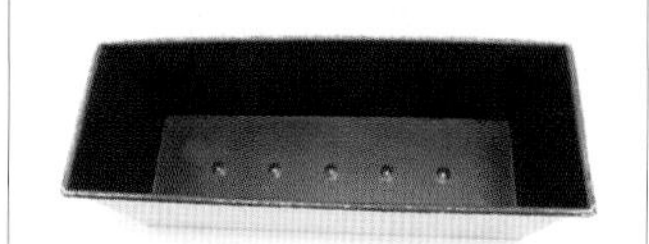

可视喜好的口感选择不同的模型。加盖的模型，做出的吐司口感较扎实、Q弹；未加盖的模型，做出的吐司口感较松软。（上图为三能 SN2082 型，下图为三能 SN2004 型。）

布丁模型（钢制）

用于外形塑型，有不同造型可供选择。

圆形纸杯

用于外形塑型，有不同造型可供选择。

均质机

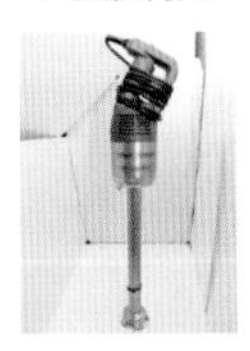

用于将食材打成泥状。功能与调理机或调理棒相同。

料理机

用于将食材打成泥状。功能与调理机或调理棒相同。

耐烤烤盘纸

用于防止沾黏。适用于较软性或需上油的面团。先将纸铺在烤盘上，再放上面团，而后送入烤箱。

擦手纸

培养葡萄菌水时用的清洁用品之一。

酒精

用于清洁工具及容器。清洁后须待其确实挥发干净再进行食材操作。

养菌桶

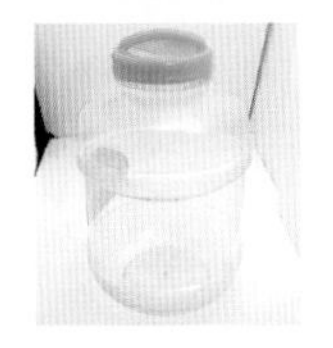

培养葡萄菌水用的容器。

白铁养菌桶

用于盛装培养好的菌种，专用于星野酵母生种。

包馅匙

用于将各式馅料包入面团。

温度计

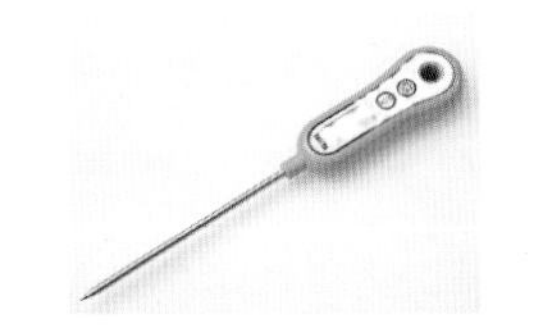

重要的测量工具，可让人清楚面团的变化。

温湿度计

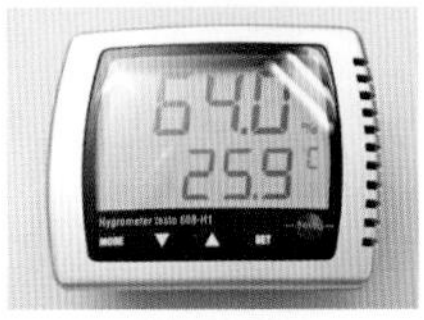

测量室内的温湿度，以确保面团在最好的状态。主要是测量室内的温度。

计时器

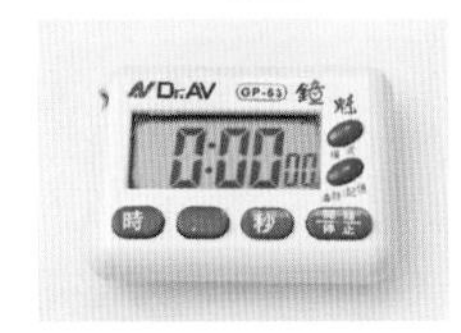

用于掌控面团发酵的时间。

材料篇

做面包，不能没有它

面粉

小麦磨成的面粉是面包的主原料。为什么小麦最适合用在面包制作呢？主要是因为小麦含有其他谷物所没有的两种蛋白质：醇溶蛋白和麦谷蛋白。这两种蛋白不溶于水，相反地，还能吸收水分，再施加上揉搓拍打等力量，就会产生面筋。在面团发酵的过程中，面筋会将面团释放的二氧化碳封锁住，从而使面团膨胀起来，这是制作面包不能缺少的元素。其他无论哪一种谷物都没有这些成分，因此小麦磨成的面粉是制作面包不可少的。

依照面粉中的蛋白质含量，面粉可分为：高筋面粉、中筋面粉、低筋面粉。高筋面粉中的蛋白质含量最高，借由揉合生筋产出弹性，最适合做蓬松软绵的面包和吐司。而法国面包充满咬劲，因此是用蛋白质含量相对低、弹性较低的法国面包专用面粉来做，此面粉属于中高筋面粉（像鸟越铁塔法印法国面粉就是做法国面包的专用面粉）。低筋面粉麦质弹性较低，筋性不佳，一般用来做蛋糕，不适合单独用于制作面包，若与高筋面粉混合使用，可做出柔软的面包。（以蛋白质含量来说：12% 以上的称为高筋面粉，法国面包专用面粉约 11%，低筋面粉约 8%。）

大家最多见到的是筛掉小麦外壳、胚芽，留下胚乳部分的纯白粉末，就是白面粉，其成分大都是淀粉质和蛋白质，含有微量的灰分。棕面粉即半全麦面粉，仅筛掉全麦粒的外壳，颜色偏淡棕色。还有全麦面粉，是以整颗完整的麦粒碾磨成的粉类，麦粒外壳部分含有大量的食物纤维，具有帮助消化和清理肠道的作用，“全麦面包 / 吐司”就是加有部分全麦面粉制成的面包 / 吐司。

除了用蛋白质含量来分类外，还有一种分类方法则是用小麦中的灰分，灰分指的是钙、磷、铁、镁等矿物质成分，按灰分比例由少至多依次为：特级面粉、一级面粉、二级面粉、末级面粉。含量愈高愈不适合做面包。

本书所使用的面粉有：鸟越铁塔法印法国面粉、昭和霓虹吐司专用粉、鸟越纯芯高筋面粉、鸟越红蝶面粉、鸟越中华面粉、黑尔哥兰面粉、昭和先锋特高筋面粉、水手牌特级强力粉、黄骆驼高筋面粉等。各面粉的特性没有优劣，只有制作不同种类不同风味面包时的适切性。以下对它们加以说明。

鸟越铁塔法印法国面粉（又称鸟越铁塔面粉）

这是日本最古老的法国面包专用粉，能制作出香气甘甜丰富、湿润、化口感好的面包，操作的宽容度大，即使量化也能保持质量，是一款非常适合东方人食用的法国面包专用粉，也可以用于制作披萨。

关于这款古老的法国面粉的开发，还有一段幕后花絮：1959 年鸟越制粉厂的员工到法国出差，在下榻的饭店，每天早餐都吃到无敌好吃的法国面包，他心想，如果能把这股味道带回日本开发的话，绝对会掀起日本面包界的大革命。当时日本面包以软式为主，欧式面包由于比较坚硬，接受度普遍不高。于是这位鸟越职员通过法国国立制粉制面包学校的教授雷蒙卡鲁贝尔，在他专业的指导下，将法国小麦空运回日本，彻底分析它的特性，经过月余试验制作新面粉，再飞回法国请雷蒙卡鲁贝尔教授测试确认，终于在隔年 1960 年诞生了此品牌。

成分：加拿大一级春麦、九州小麦、美麦
粗蛋白[①]：11.9%
灰分：0.44%

黄骆驼高筋面粉

适合做台式甜面包，组织柔软、烘焙弹性佳。

蛋白质：12.6%~13.9%
湿筋度：35%~38.5%

昭和先锋特高筋面粉（又称先锋特高筋面粉）

蛋白质含量高，面筋的延展性佳，面团的烤焙弹性好、体积较大，可展现较好的风味。

蛋白质：14%
灰分：0.42%

编者注

① “粗蛋白”含量是一个估值，是食材中氮的含量乘以系数 6.25，因为大多数蛋白质中氮约占总质量的 1/6.25。实际上，“粗蛋白”既包括真蛋白，又包括非蛋白含氮化合物。在普通食品的成分说明中所说的蛋白质均指粗蛋白质。

鸟越纯芯高筋面粉（又称鸟越纯芯面粉）

使用小麦最内层的芯白部分制作的一级粉，是最白的吐司面包的专用粉的代表，吸水量达 80% 以上，可制作出组织细致、具备弹牙口感、色泽纯白、柔软的面包。

成分：加拿大一级春麦、美麦
蛋白质：11.9%
灰分：0.37%

鸟越红蝶面粉

冷冻面团专用粉，高水高糖面包适用。除了耐冷冻性强外，在烤炉中的延展性强、体积膨胀性佳，因此适合制作甜面包。

成分：加拿大一级春麦、美麦
粗蛋白：13.7%
灰分：0.43%

昭和霓虹吐司专用粉（又称霓虹吐司粉）

蛋白质的性质稳定，做出来的成品组织细致、颜色良好、化口性佳。适用于吐司和甜面包。

蛋白质：11.9%
灰分：0.38%

鸟越中华面粉

适合制作生中华面、生冷中华面条、煮汤的中华干面、炒面等。可制成具有鲜明色调、适宜的沾黏性与有弹力口感的中华面。

粗蛋白：11.5%
灰分：0.36%

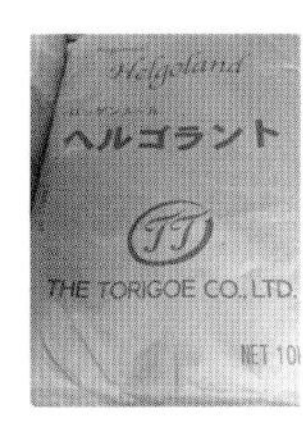

黑尔哥兰面粉

用裸麦（黑麦）以中粗研磨制成。与其他面粉混合后带来颗粒感且香气十足。

成分：黑麦
粗蛋白：8%
灰分：1.4%

水手牌特级强力粉

由于吸水量高，面团柔软，内部组织细致柔白，可让制成的吐司面团体积饱满，烘焙弹性佳，也会让面包组织干硬老化的速度慢。一般专用于吐司制作。

蛋白质：12%~13%
灰分：0.38%~0.40%
水分：14% 以下
湿筋度：34.5%~36.5%

宝春师傅叮咛

小麦面粉的保存需要低温、低湿度、通风良好的场所，至少要在 26℃、湿度 60% 以下；不要直接接触地面放置；对于有强烈风味的制品请勿与小麦面粉放在一起。小麦面粉属于新鲜制品，会因时间改变品质风味，有时也会因为囤积挤压而产生变硬结块的现象，因此在进货管理上要十分注意货品的顺序摆放。另外，老鼠是所有谷物类的天敌，要特别注意环境的整洁。

酵母①

酵母是面包发酵的过程中让面包膨胀的原因，它能分解材料中含的糖分，形成二氧化碳和酒精，影响面包风味，产生香气，面团在搅拌中整合成团、后续发酵，都是因为酵母旺盛生命力的运作。而根据酵母的采取来源或培养地的不同，会有不同风味的酵母种群，比如有葡萄干种、啤酒花种、老面种等。

值得一提的是酵母本身都是天然的，为了能烘焙出品质稳定的面包，人们从酵种中选出稳定性高的优秀酵母，培养后制作出粉末，成为市面上在贩售的干燥酵母粉。鲜酵母不需要像干燥酵母一般事先用温水使其恢复活性，而是将新鲜细胞直接揉和到面团中，所以揉开后可直接使用。而即溶干燥酵母放入 40℃的水（注：水量为酵母量 3 倍，时间 3~5 分钟，酵母越多则越久）来还原成柔软膏状，就可恢复活性（注：在搅拌时间较长的配方中，即溶干酵母不必提前泡水还原）。开封后的即溶干燥酵母，请密封后冷藏保存，并尽早使用完毕。

酵母超过 45℃时活力就会下降，40℃就是上限了，相反温度低于 4℃时酵母就会进入冬眠状态，这点在面包制作过程和酵母保存上要特别注意。

编者注

① 这里对酵母再作一些说明。

酵母产品一般分为 3 类：鲜酵母（fresh yeast）、一般干酵母（dry yeast）、即溶干酵母（instant yeast）。

鲜酵母产品是湿润块状，细胞产气能力强，较耐冻，也较耐糖；一般干酵母系前者干燥产物，必须泡水复原后才能使用；即溶干酵母颗粒外形是带孔的杆状，所以吸水性强，可不泡水直接使用。（本段内容参考自武子靖著《欧式面包的下个世代》图书。）

此外，本书中还专门介绍了星野酵母，它常被人们称为“天然酵母”，“天然酵母”和一般酵母的区别在于：前者选取的菌种以及培养环境更具“天然”性，因此风味更丰富；后者则较单纯侧重于发酵能力，因此酵母菌含量多，发酵时间短。“天然酵母”也可以是干酵母。

盐

盐除了能让味道变好之外，还有紧实面团的筋度、增加弹性的重要作用，没有加盐的面团会黏稠稠的。但要适量使用，盐太多反而会抑制发酵。比例上来说，面粉 100% 的话，盐大约就是 1% ~ 2%。

水

为了促进酵母活动，水是必备材料。水量、水温和水的硬度会影响面团的温度，揉和后的面团温度会直接影响到发酵过程的好坏。夏季室温较高，就必须用温度较低的水；相反在冬季就必须使用温水，同时因酵母在 45℃以上会死亡，所以要随时注意温度的调节。

糖

糖有促进发酵的作用，此外因为砂糖有保水性，所以能保持面团的湿气，预防烤好的面包变干燥，也是让面包蓬松柔软的大功臣之一。

本书还用到台湾南部产的手工黑糖，它是采用有机农法种植的甘蔗，以龙眼木和荔枝木为柴火，历经 7 小时手工熬煮，风味厚实，入口带有淡淡的木头香，适用于做甜品、饮品和面包、糕点。

蛋

面包制作主要是使用全蛋液，蛋黄中有卵磷脂可以防止面团老化。不过面粉中不要加入超过 30% 以上的鸡蛋，这样反而会降低弹性、影响塑形。

乳制品[1]

乳制品的功能是增添面包的风味，还有让面包烤出漂亮金黄色泽的功用。其中乳糖和脂肪的成分，会让面包产生柔软、微甜的口感和香气。
牛奶可以取代水来制作面包，不过比例上要比原来的水的分量多10%。
另外酸奶、脱脂奶粉、动物性稀奶油都属于乳制品。其中动物性稀奶油容易变质，在保存上要特别的注意。

黄油

在面团中加入黄油的主要作用是提高面团的延展性，延展性较好的面团在烤炉中会充分膨胀，烤出来的面包自然蓬松柔软。不过不可以一开始搅拌就加入黄油，以免妨碍筋性形成，影响质量。黄油有无盐及有盐两种，制作面包时通常都选用无盐黄油。
还有一种面包专用粉末油脂DX：粉末状的细致油脂可以均匀散布在面团中，因此有助于制作出柔软与化口性良好的面包。按照正常添加黄油量的比例添加即可。

编者注

① 由牛乳制成的产品种类很多，下面对大家易混淆的名称进行说明。
butter：台湾民众习惯称为“奶油”，大陆民众习惯称为“黄油”。成分主要是水和脂肪，脂肪含量在80%以上，常温下为固态。
cream：主要成分种类与上者相同，但脂肪的含量更少。烘焙中常用的是“whipping cream”，直译为“待搅打奶油”，台湾民众习惯称为“鲜奶油”，大陆民众习惯称为“淡奶油”或“稀奶油”，脂肪含量大约在35%～37%。
cheese：“奶酪”“起司”“芝士”指的都是它，相较于上述两者，它还有显著的蛋白质成分。此外，还有一种cream cheese“奶油奶酪”，它和普通奶酪的区别是：普通奶酪是靠酶来凝固蛋白质，而奶油奶酪是靠乳酸菌发酵产生的酸来凝固蛋白质，质较软。

麦芽精

好的麦芽精是从发芽的大麦中提取而来，没有人造添加物。可给酵母提供养分，促进发酵，增添面包的风味及色泽。

其他常用材料

其实，制作面包只要有面粉、酵母、盐、水这四项材料即可，适度地添加糖、乳制品，可以做出更多不同风味的成品。
除了上述的材料外，也可以适度地加入酒类，如白酒、红酒、荔枝酒、樱桃白兰地等；或是果干，如葡萄干、荔枝干、桂圆干、半干香蕉丁、芒果干、半干小番茄、玫瑰花瓣等；或是加味的奶酪丁、亚麻籽、黑豆、红豆馅、明太鱼子、蓝莓、意大利综合香草、培根、德国香肠、核桃等。
加味的材料也不可马虎，比如本书提到的红豆馅，就用台湾屏东万丹的红豆来制作，粒粒饱满的红豆，散发浓郁香味，很适合做和果子、面包和甜点的材料。培根则是使用优质基因大麦猪，精选五花肉部位制作，带有淡淡烟熏芳香的台湾信功培根；德国香肠则是严选猪前腿肉和猪背脂，细切乳化后，再用人工肠衣充填，经干燥、烟熏、蒸煮而成的带有欧洲风味的香肠。
无论是专业的面包师傅，还是因兴趣而想自学的一般人，都值得充分去了解自己所用食材的特性。这一切，无非都是希望让面包的风味更上一层楼。
以下各图，都是做面包常用到的材料。

无盐黄油

杏仁

芥末籽酱[①]

蜂蜜丁

红豆馅

胚芽粉

橘皮丁

红豆粒

可可豆

奶酪丁

培根

蔓越莓干

黑糖

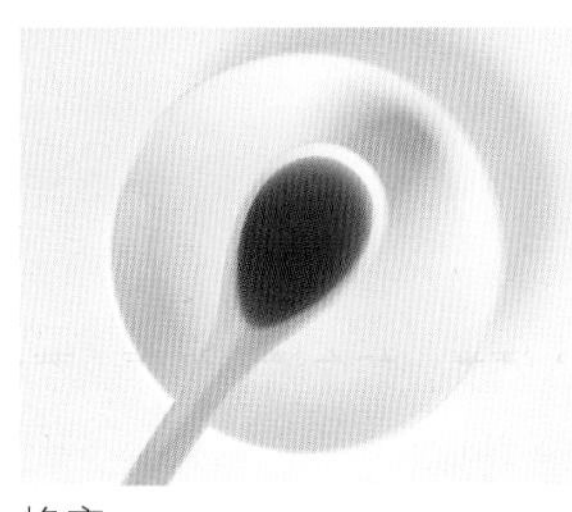
蜂蜜

德国香肠

红葡萄酒

白酒

可食用玫瑰干花瓣

编者注

① 和平常很容易买到的绿色“芥末酱”材质不同。（常见“芥末酱”的材质说明见第221页编者注①。）

前言

一个面包的诞生

面包的基本制作方式大致相同，但影响面包成品的因素就比较复杂，包括温度、时间、面团黏度等。刚开始做面包时，可以多练习几次，熟悉之后，就可以找到属于自己的独特配方，进而规划自己的设计图，选择适合不同种类面包的最佳制作方法。

本书所采用的面包制作方法为直接法和中种法，面团揉和完成温度在23~26℃之间，以下分别说明。

直接法

直接法是将所有的材料一次揉和做成面团的方法。这种方法步骤少、面包制作的全程时间较短，可以发挥出很高的面粉风味，适合副材料比较少、口味单纯的面包；缺点是面团老化的速度会比较快，外层口感容易变硬。

做法

1. 搅拌面团

将所有的材料放进搅拌机搅拌，这个步骤可以促进酵母活动、强化面团中的面筋组织，让它充分延展筋性。面团揉和完成时的温度相当重要，会直接影响接下来的发酵过程。

一般计算水温的公式如下：

(1) 在直接法与中种法中：

（面团希望温度 – 搅拌面团时上升温度）× 3 –（室温 + 粉温）= 搅拌水温

(2) 搅拌法国面包面团时：

烘焙参数 63 ~ 68 –（室温 + 粉温）= 搅拌水温（本算式提供专业面包师傅参考）

搅拌面团时的上升温度，以直立式搅拌机为例，有以下经验数值：慢速搅拌 3 分钟，上升 1℃；中速搅拌 2 分钟，上升 1℃；快速搅拌 1 分钟，上升 1℃。

这些计算公式会随每个人所处环境、室温、水温、设备的不同，而有些微的差异。自行制作时，可反复多试几次，求得最佳效果，这便是做面包最有趣的地方。

2. 第一次发酵（基本发酵）

发酵是面包制作中最重要的一环，酵母在生存过程中排出的二氧化碳使面团膨胀，一直到放进烤箱烘烤，温度上升至 45℃，酵母才停止发酵。判断发酵时间的关键一点在于，面团揉和完成后温度愈低，发酵时间就愈长；温度愈高，发酵时间就愈短。因为温度愈高酵母的活动性就愈高，所以发酵时间可以缩短。

如何确认发酵状态是否完整呢？不妨用手指沾适量的高筋面粉，再戳进面团里，手指拔出后，面团上留有戳洞就表示发酵完成；反之，若面团恢复原来的模样，就表示发酵不足，还需要再静置一段时间。

3. 翻面排气

基本发酵完成后，把面团从发酵箱中倒出来，让空气均匀地分布在面团的毛细孔中，借着翻面拍打折叠来刺激面筋组织。这个动作可使面包内的结构更为细致，断面的气孔更漂亮，还能增强酵母活性、加快发酵过程，也使面团膨胀成体形更为蓬松的面包。所以，这个动作对于接下来进烤炉烘烤后的口感，有大大加分的效果。

翻面的技巧是，先将面团由左向右折三分之二后（图①），再将剩下的三分之一由右到左叠上去（图②），接着从下往上折三分之二，再将剩下的三分之一往下折叠在面团上，最后将整个面团翻面（图③）。切记，千万不可以用搓揉的方式，这会破坏面筋组织，二次发酵就无法膨胀起来了。

4. 第二次发酵（基本发酵）

确认是否发酵完成，除了用手指戳面团外，还有几个方法，比如目测面团表面有明显的沾黏感且有湿气，就是发酵还未完成；若表面干燥且带有酒精味道，就表示发酵过度了。若是发酵不足，就再静置片刻；若发酵过度则无法修正，或许可以考虑把面团擀薄，改做披萨皮，上面可以添加番茄酱等其他食材来盖过酸味，一样好吃。

5. 分割滚圆

依照需要的重量大小进行分割，然后进行滚圆。滚圆的动作要轻柔，把底部面团确实接合，滚圆有着让面团紧实和刺激面筋组织的双重意义，也让最后烘烤完成的面包表面紧实光滑，品相完美。

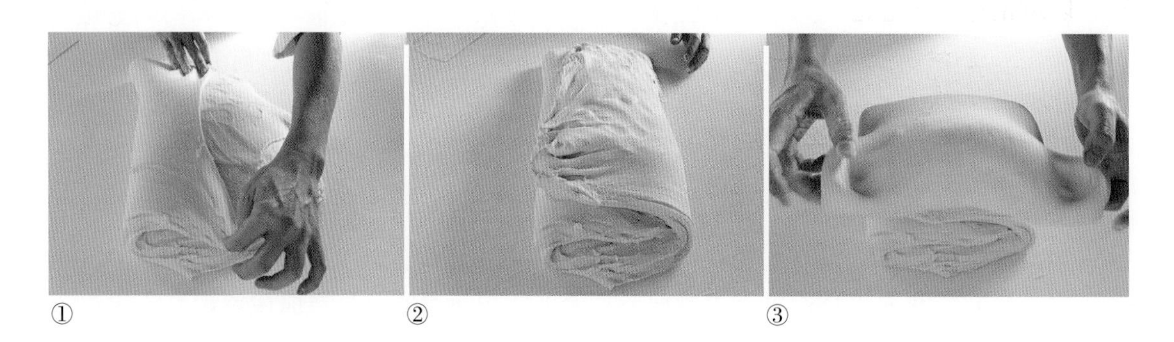

① ② ③

6. 中间发酵

分割滚圆后先静置，静置的目的是让处理过的面团恢复成最安定的状态，同时也再次进行发酵。因为滚圆后的面团如果立刻整形，会因为弹力过强而造成面筋断裂，影响最后发酵。这个阶段是以静置为主要目的，所以只要温度控制得宜，也可以在工作台上进行，不一定要进发酵箱。

7. 整形

这是最后美化面包外形的步骤，包馅料和划分割纹也在此时进行。划分割纹的另一层意义，是让面团在烤箱中更容易膨胀。要特别注意的是，法国面包的面团柔软，划切时要迅速有力，一刀成形不能犹豫，才会漂亮。

整形完成的面团要放在帆布上，一方面避免面团互相粘连，另一方面是最后发酵时，面团有可能因膨胀而向两边坍塌，放在帆布上有定形的功用。

8. 最后发酵

一切就绪，依照每款面包的发酵温度进行最后发酵，若是家中没有可调温湿度的专业发酵箱，可自行调整发酵时间。

9. 进烤炉

进烤炉前，先确认每种面包的发酵程度，及烤箱是否达到预热温度，而后依不同面包所要求的温度，将面包进烤炉按时间烘烤。有些面包烤前需喷蒸气，比如，法国长棍面包，推进已预热至200℃的烤炉前，要先开蒸气5秒，这除了防止面团一进烤炉就干燥外，蒸气附在面团上会让面团的表层外皮糊化，再经过烘烤后凝固，就会形成具有光泽的表层外皮。而这表层外皮也是面包香气的来源，因为表层在烤炉中直接受热，产生焦糖化反应和梅纳反应，使外皮呈现褐色的烘烤色泽，并散发出香气。

一般上火的温度要高于下火，避免底部烤焦，烤至八成左右就要翻转方向、交换位置，以防止外侧面包过焦。

中种法

中种法是将材料分成两阶段揉和，并放置一段时间发酵做成面团的方法。面包制作的全程时间较长，但长时间发酵和两次搅拌使面筋的延展性变好，这不仅增加了面团的吸水量，使面包更为柔软，也更为蓬松；此外面团老化速度较慢，保存天数也较长，适合用来做副材料较多、味道丰富的面包。

做法

1. 搅拌中种

用在中种面团中的面粉，是全部面粉用量的50%以上，电动搅拌机慢速搅拌四分钟，再快速一分钟，到水分完全被面粉吸收即可，这个阶段不放果干进去。中种面团的搅拌是揉和粉类、酵母和水，由于没有放入盐分，面筋的强度并不大，这会使小麦蛋白对水分的吸收良好，形成延展性良好的面筋组织，让面团熟成又安定，这就是水合效应。

2. 中种发酵

中种面团从搅拌机中取出后，即进行中种发酵，这个阶段以两个冠军面包——荔枝玫瑰面包和酒酿桂圆面包来说，面团揉和完成的温度要维持在24℃，进行发酵的时间都需要12~15小时。中种发酵的目的，主要是让面团中的水合效应充分完成，使面团筋性更好、体积更蓬松。

3. 搅拌面团

将其余的粉类、奶油、果物和其他材料全部倒入搅拌机，将发酵后的中种面团撕成一块块投入一起搅拌，按照指示调整搅拌速度。

4. 延续发酵

中种面团由于配方简单、安定熟成，对酵母是个舒适的伸展空间，这有助于接下来的各种制作程序。换言之，虽然中种法要经过两阶段比较繁复、耗时的面团搅拌工作，但因此根基打得好，制作面包的失败率相对较低。

接下来的5 ~ 9步与上述直接法的5 ~ 9步相同，这里就不再重述。

每款面包所需步骤不一，有些不需最后发酵，请以食谱所示制程为主。

回想起还是学徒的我，那时觉得面包师傅是个工人，每天都要做苦力活，搬很重的食材和器具。经过多年的磨炼，现在的我认为，面包师傅每天做出这些有温度的成品，是独特而无价的，因为每一样产品，就像是一件艺术品，绝对无法用价钱去衡量。就算是我的弟子跟我习得了技术，他们做出来的风格跟我也不会百分之百地相像，这就是面包世界迷人之处，有无限味蕾的可能。

当年做酒酿桂圆面包的面团时，我一开始决定要用桂圆当主食材，先思考搭配的酒是什么酒，一般传统思考会是用米酒来做，但是考虑到米酒的酒精浓度太高，不仅面团组织会被破坏，味道也不好；又想到这个面包要让外国人来品尝，灵机一动，决定用红葡萄酒来试试看。

我先做中种面团，以老面来做，再加入红葡萄酒，最后做主面团时加入桂圆干，第一次做出来时，觉得味道不错，于是再来微调盐和水的含量，这里多一点、那里少一点，慢慢地调整整个配方，直到做出最满意的味道为止。这个过程可能要花上几十次甚至上百次，才能找到心中最理想的风味。

做任何面包都一样，先把主食材定调后，再挑选副食材，先决定你是要软的、硬的、Q的，还是绵的风味，决定了基本的味道后，再来调整副食材的多寡与种类。所以，我才说，面包师傅既是艺术家也是味蕾的魔法师。

通过这本书，我想把最基础的知识与观念传递给大家，而不是教做面包的新花样、新口味，因为我始终认为，最原始、最纯粹的风味最好。前阵子我专程到意大利，花了十天就只学一款面包——正统意大利水果面包。我的原则就是，出去学一两款学到最精，而不是学了一大堆种类，结果只懂得一招半式而已。

如果大家都能通过这本书，体会到做面包的乐趣，以及细细咀嚼每一款面包的最原始的口感，那就是我最开心的贡献。

法国面包

如果问我："做面包最大的收获是什么？"我会说："面包赐给了我，第二个人生。"

音乐、品酒、戏曲……这些艺术的飨宴和生活的品酩，对住在台湾屏东内埔庄脚、出身寒微的我，完全是另一个平行的世界，遥不可及到我连在梦里都不曾痴心妄想过。那是我不曾见识过的陌生人，无从谈论喜恶。

因为做面包，打开了我的视野，才有机会剖开最深层的自己。原来，我的心底窝藏着喜欢艺术的另一个自己；原来，生活中有那么纯粹的喜悦。

就像法国人说的那句："C'est la vie!"（这就是人生哪！）该去尝试多种滋味，探索各种可能，学习更随遇而安。而这种态度，正是法国面包的内涵。

法国面包是一款极简约也极繁复的面包，长长的一条直线没有矫揉的造型，白白的没有浓郁的味道，却是最难驾驭的面包，一双手做出无数人气面包的野上智宽师傅，受访时都公开表示，最难做的还是法国面包。

吃到好吃到令人失控尖叫的法国面包

从事面包师傅工作的前几年，因为台湾面包店的产品给我的印象，我总以为涂了大蒜、奶油的面包，就是法国面包。直到1998年，去日本大阪参加烘焙食品展才发现，原来我做了大半辈子面包，都不曾见识到法国面包本色。

当时，有个面粉厂商用他们制作的鸟越铁塔面粉，现场烤焙法国面包，供参观民众试吃。我经过时，心里还不以为意，想着："法国面包嘛，这玩意儿我也会做。"这念头还没落底，耳边随即传来两个高中女生以青春专有的高八度惊叹语直呼："欧伊系～"一边还伴随着"咔滋！咔滋！"的酥脆声响。

我狐疑了："真的有那么好吃到让人想尖叫吗？"自己也回头去，在摊位上拿起一块试吃，但心里还是不服气地想："我倒要看看，吃了会不会尖叫？"

没想到，一口咬下，这回"咔滋！"声在我的口中回荡，让我差点就像个失控的小女生，想要惊呼出声。虽然克制住想尖叫的欲望，但脑海里就像卡通《小当家》的经典画面窜出闪着金光的一条龙一般，怎么会是这般意外的口感？不但皮酥内软，还愈嚼愈香，面团吞肚后，口中像是喝了上等好茶一般，还有回甘的滋味。

太让我惊讶了。这次味觉和观念的冲击太大，让我对法国面包完全改观，"我也要做出让人脑里窜出一条龙的法国面包。"成了我追求的新目标。

不过回台湾之后，我仍陷于黑暗中摸索，当时台湾的资料、资源都不多，甚至连法国面包专用的面粉都还没有进口，只能自己翻看日文书，想照本宣科，却怎么都没办法做出大阪烘焙食品展中那种让我惊艳的口感和香气。光是搓揉整形出60厘米长棍的手势与方法，就足足练了三年。

直到2008年参加世界大赛的前夕，接受了野上智宽师傅的指导；几乎同一时间，台湾也开始进口国外的专用面粉，技术和材料都有了突破，我才被点燃了明灯，不再以瞎子摸象的方式没有头绪地乱闯。

原来，搓揉法国面包面团时，要像打太极拳一样，双手微弓，随着面团而律动，因为法国面包要外酥内软，面团里得保留三分之一的空气，才能让它自然呈现最完美的气孔。过去我一直把双掌摊平僵硬地搓，结果不但面团的空气被拍掉，连香味和气孔也被一起拍掉了。

但是法国面包的面团很软，弓着手掌搓，很难把面团均匀地搓长。一开始我使不上力，内心充满困惑，直到后来，又碰到第二个贵人——加藤一秀老师，我终于逐渐掌握到诀窍。

我还记得，2008年世界大赛前，野上师傅的台湾籍太太问他："（吴宝春）师傅行不行啊？"野上师傅也没有太大的把握，毕竟对手是来自世界各地的高手，许多国家做面包的历史与经验，比起当时的台湾地区是成熟丰富许多。那回我们夺下世界第二，野上师傅对我说，当他听到台湾地区代表队拿到亚军时，兴奋地"起鸡皮疙瘩"。

2010年，我个人挑战世界面包大师赛前，野上师傅再来看我做法国面包，吓了一大跳，他没有料到，短短两三年的时间，我的技术居然大为跃升。能获得野上师傅的肯定，对我的鼓励实不亚于那座金杯。

直至此时，我终于能做出像当初在大阪尝到的那种让人一口就悸动的法国面包，我才真正认识了法国面包的内涵，我也才真正相信：原来我也可以。

开创"第二人生"

法国面包和我们吃的白米饭一样，看似素朴，但和不同食材搭配，就会碰撞出不同的火花，合奏出华丽磅礴的交响乐，这让它永远都能被尝出不同的味道，怎么吃都不会厌倦。白饭加上肉燥，可以变成卤肉饭；白米磨成米浆，可以做成碗糕；白米包上叶片就变成米粽。给它不同的食材和工序，白米就会呈现不同的风味。法国面包也一样，涂上奶油，就有奶油风味；夹片起司、火腿，就有起司、火腿的风味；再配上红葡萄酒、听着不同的音乐，生活情境和心境就会跟着流转。

这一切的体会，除了遇到良师的指点、自己的苦练之外，还因为有其他朋友领着我品尝人生，才开阔了我味觉上、视野上和心态上的品味能力，对面包才有了更立体的认知。

像是我的好朋友阿洸，教我听古典音乐、吃美食、品红酒，让我体验了不同的生活，打开了对自我的界限和认知："原来这些东西是我喜欢的！""原来这些东西可以帮助我创作！""原来这些东西让我的生活更精彩、更丰富。"①

现在的我，就像是拥有"第二个人生"，热切又兴奋地努力汲取各领域的知识，每天都有新的发现和喜乐，像到日本学酿酒，还找了名师学拉二胡。初学二胡的我，虽然还在"咿咿欧欧"的阶段，却获得赞许：身体和乐器融合得相当好。因为我的双手握着乐器的同时，也唤醒了那双做法国面包的手的韵律感，弹乐器和做面包一样，双手不是要征服它们，而是要和它们一块儿舞动。二胡拉得不好，声音就会尖锐刺耳；法国面包没有掌握好技法，面团也会枯燥乏味。两者十分相像，都是看起来单纯但技巧很艰涩的东西。

我生性有股喜欢挑战的因子，从不要求立竿见影的学习，而是希望能细细体会、慢慢琢磨和淬炼出技巧，就像法国长棍面包，外形耿直、内在柔软，可塑性无穷。

我期许做一个永远让自己和别人无法预期的人，不管哪个阶段、哪个角色、哪个身份，都能扮演得很好，更永远深深以当一个面包师傅为荣！

编者注

① 在作者的自传《柔软成就不凡》中对这段故事有详细的介绍：作者自贫寒家庭出身，从小以"吃饱""谋生"为生活目标，品味有限，从业十几年后面临了业绩的困境，此时偶遇了小康"知识分子"家庭出身的"玩家"陈抚洸，其以出人意料的方式打破了作者脑海中的"成见"，帮助他提升了味觉品味的层次。

法国面包面团

环 境

室内温度 26~28℃

材 料

乌越铁塔面粉 …	1000 克	100%
成分：加拿大一级春麦、九州小麦、美麦 蛋白质：11.9%　灰分：0.44%		
麦芽精 ………………	3 克	0.3%
水 …………………	700 克	70%
低糖即溶酵母 ………	4 克	0.4%
盐 …………………	20 克	2%

制 程

- 搅拌（完成时面团温度为 23℃）。
- 第一次基本发酵 120 分钟。
- 翻面。
- 第二次基本发酵 60 分钟。

编者注

本例做法有教学视频，读者可扫描本书后勒口处的二维码获得。

做 法

1. 搅拌

将乌越铁塔面粉、麦芽精、水，倒入搅拌机。

慢速搅拌约 2 分钟，直到完全看不到粉状面粉时停止。

加入低糖即溶酵母静置 30 分钟，让面团自我水解。

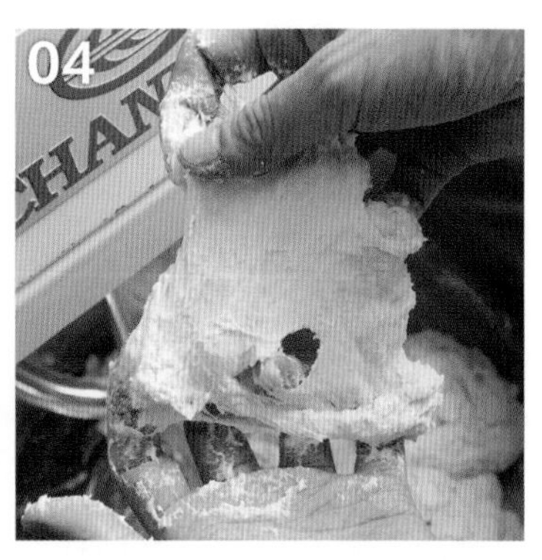

前一个步骤会让面团产生出面筋，减少搅拌时间，增加面包风味。

第二次搅拌，慢速搅拌 2 分钟。

加入盐，搅拌 3 分钟，再快速搅拌 10 秒。

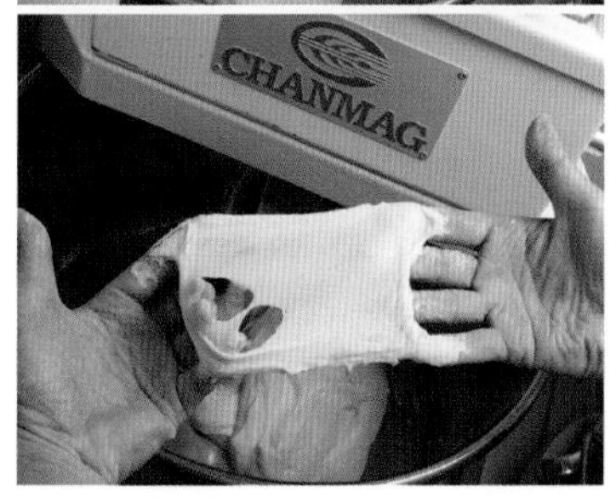

看面团在手掌中的延展度，能模糊透视就是可以了，此时面团呈现些微的撕裂感。

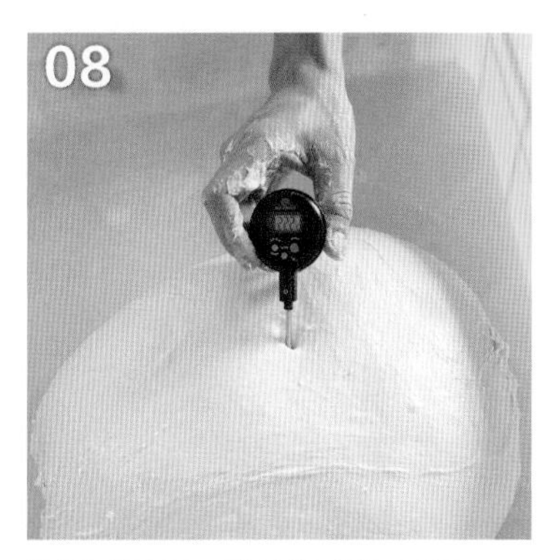

面团成形后，确认温度为 23℃。

做 法

2. 发酵

第一次基本发酵：静置 120 分钟。面团逐渐膨胀。

将面团倒扣于工作桌上，用手轻压面团，让空气均匀分布在面团的毛细孔中。

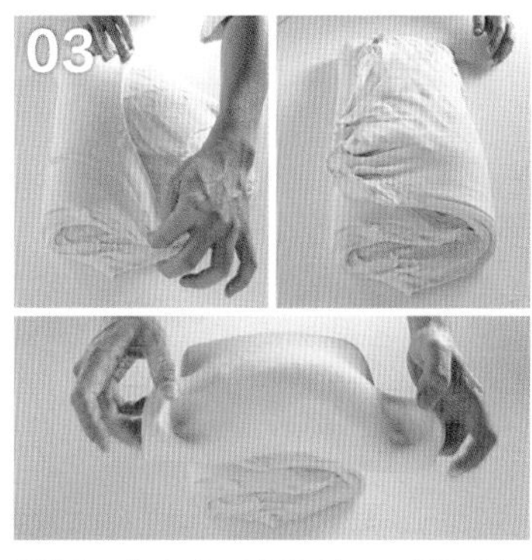

翻面：先左右对折再上下对折（技巧见第 24 页），让面团中的酵母再一次醒发。

第二次基本发酵：将翻面的面团静置 60 分钟。

第二次基本发酵完成后，再依将要制作的面包尺寸，对面团进行分割。

法国长棍面包

编者注

本例做法有教学视频，读者可扫描本书后勒口处的二维码获得。

环境

室内温度 26~28℃

每颗材料

法国面包面团 ………… 350 克
（做法见第 32 页）

制程

- 分割。
- 中间发酵 25 分钟。
- 整形。
- 最后发酵 60 分钟。
- 烤焙。

做法

1. 分割

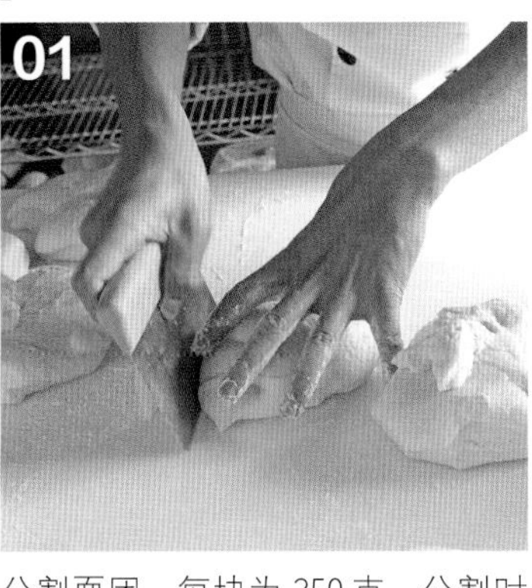

分割面团，每块为 350 克。分割时尽量保持完整大块状，太多细碎块状会破坏面团组织。

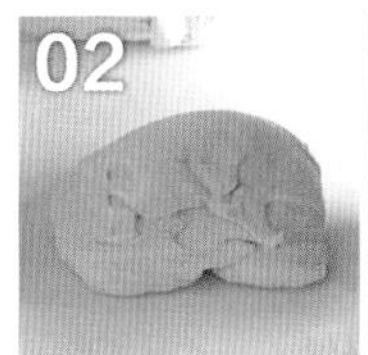

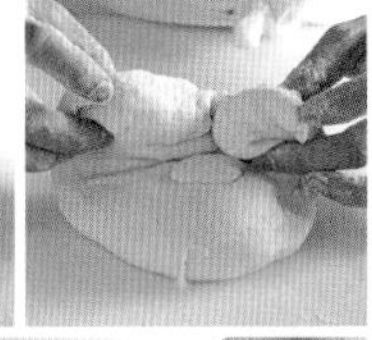

将分割后的面团轻槌、搓揉成长椭圆形。

将面团静置于发酵箱中，进行中间发酵 25 分钟后，面团表面呈光滑状。

做法

2. 整形

将发酵后的面团完整捧出，面团正面朝下。

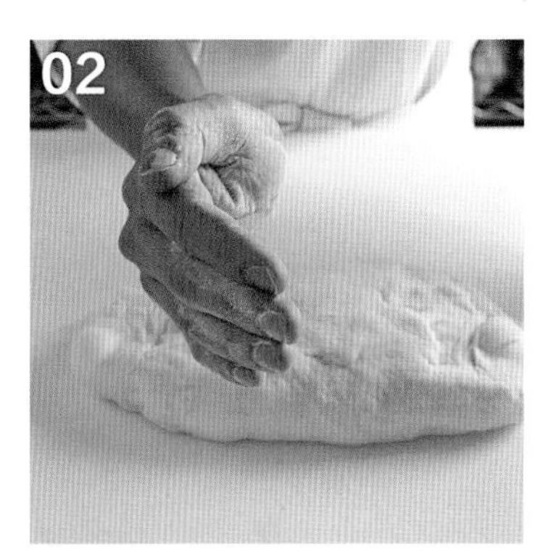

手势微弓轻拍面团。

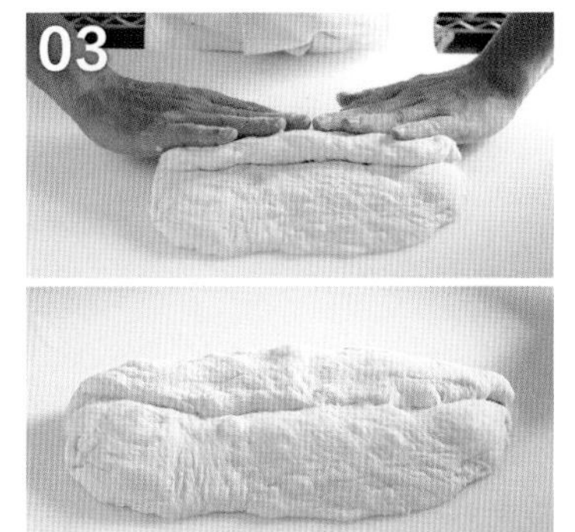

手伸直平放，将 1/3 的面团由下往上对折。

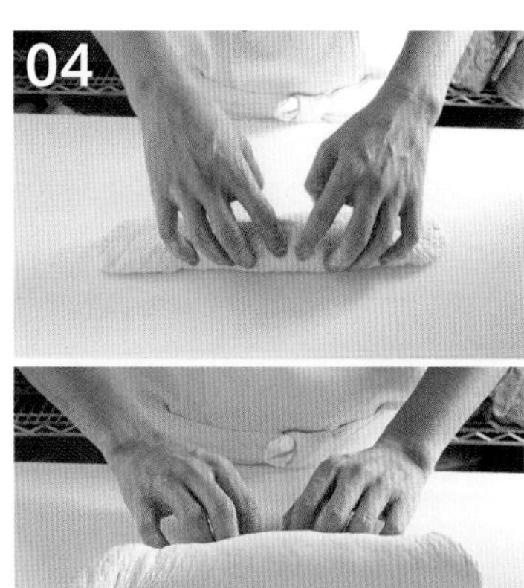

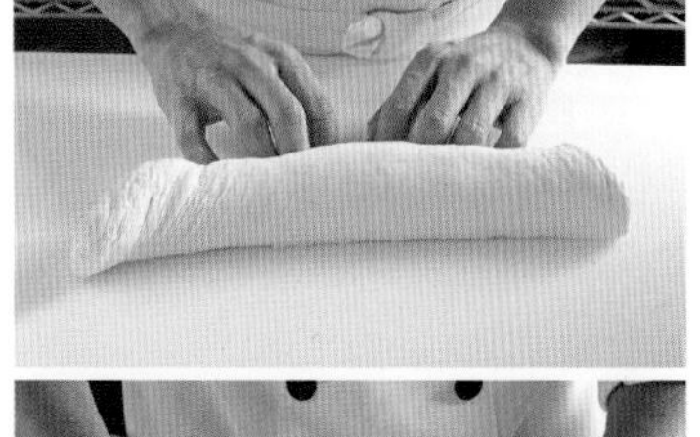

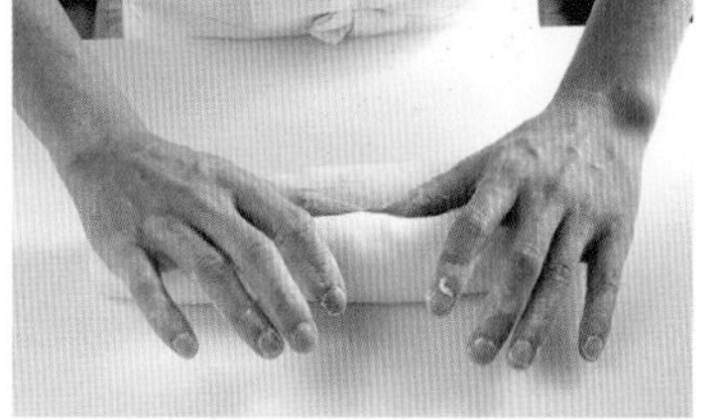

再将 1/3 面团由上往下对折，用大拇指在中间压出凹陷。

以手掌将中间封口压紧。

手微弓以虎口轻拍面团，拍打出气泡，但保留大概 1/3 的空气。面团再对折。

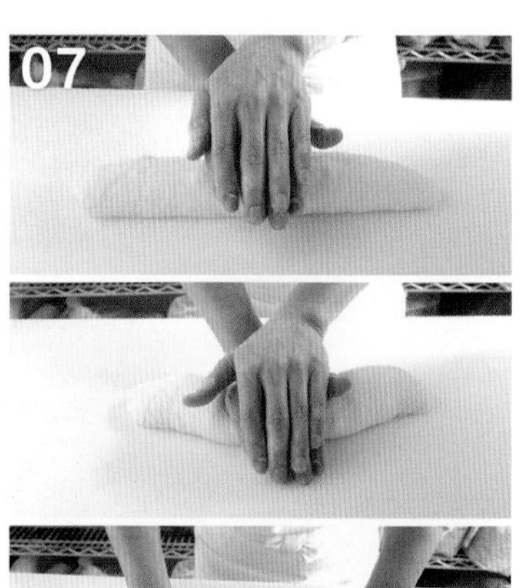

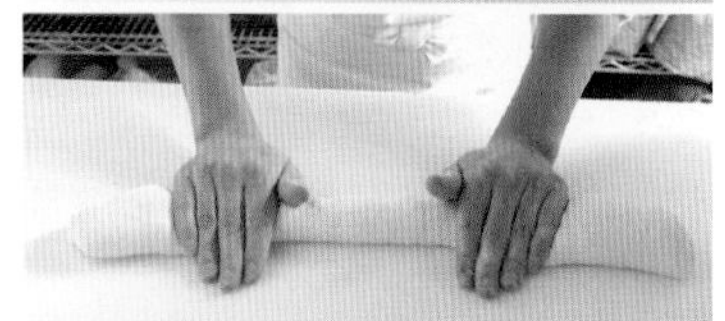
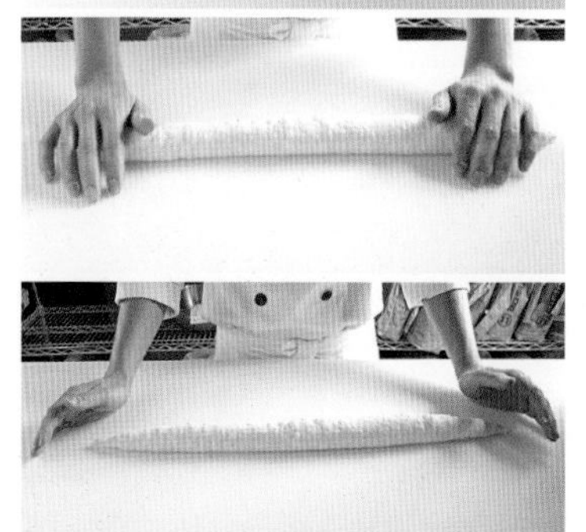

双掌交叠，将面团搓揉成 60 厘米长。

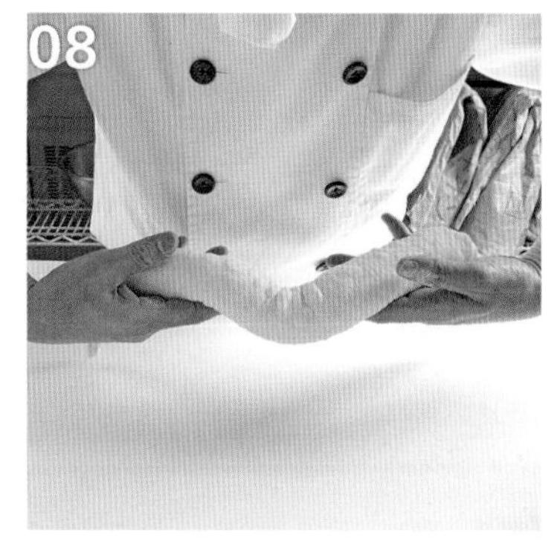

双手将整形完成的面团捧放在帆布上。

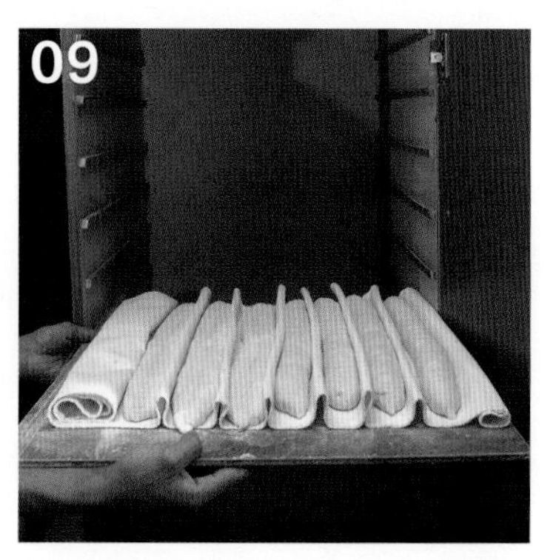

放入发酵木箱中，进行 60 分钟最后发酵。

做 法

3. 烤焙

将发酵后的面团取出。

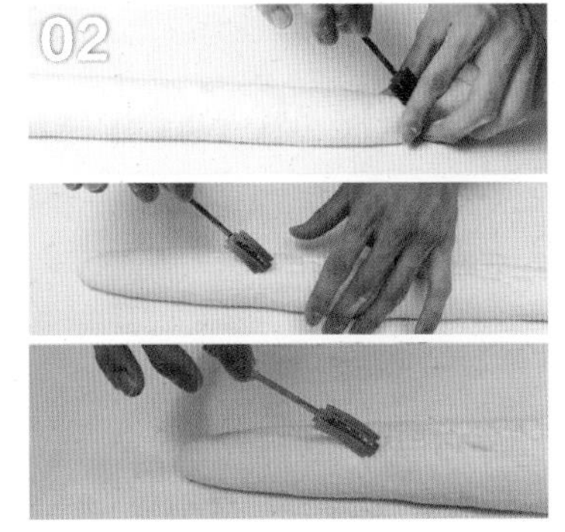

将划刀朝下，以 45° 的仰角在面团表面斜划5 ~7刀，深度约0.2厘米。

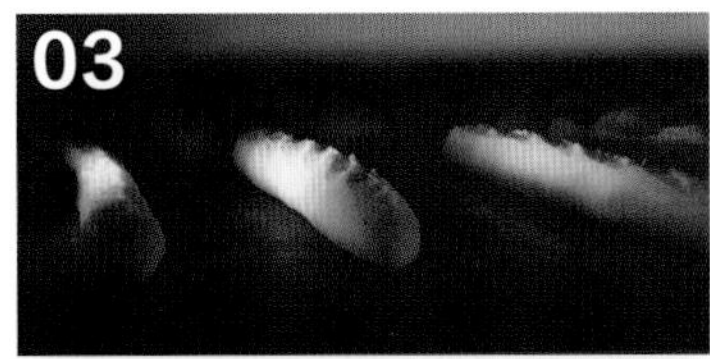

将烤箱中的蒸汽开启 5 秒，而后把面团送入烤箱，判断蒸汽是否薄薄地附着在面团的整个表面上，若不足再开蒸汽 1 秒。而后以上火 240℃、下火 230℃烤 30 分钟。

外皮酥脆、气孔大的法国长棍面包最是可口。

宝春师傅叮咛

进行法国面包整形时，手势要轻柔，手指略为弓起，切勿平放，就像替自己的孩子拍背一般，轻轻拍打，如此可保留 1/3 的空气在面团内。面团被拍得舒服，也会柔软起来。配合身体自然的律动，带动手部动作，可一气呵成将面团拉整出 60 厘米长的标准法国长棍面包。

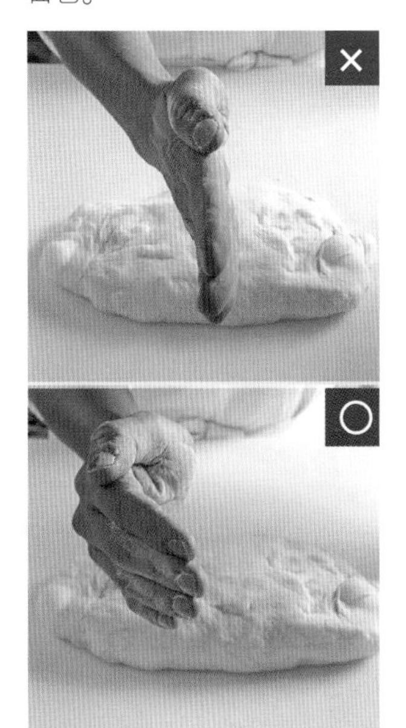

变化形法国长棍面包

环境

室内温度 26~28℃

每颗材料

法国面包面团 …………… 350 克
（做法见第 32 页）

制程

- 分割。
- 中间发酵 25 分钟。
- 整形。
- 最后发酵 60 分钟。
- 烤焙。

做法

1. 分割

取出法国面包面团。

分割面团，每块为 350 克。分割时尽量保持完整大块状，太多细碎块状会破坏面团组织。

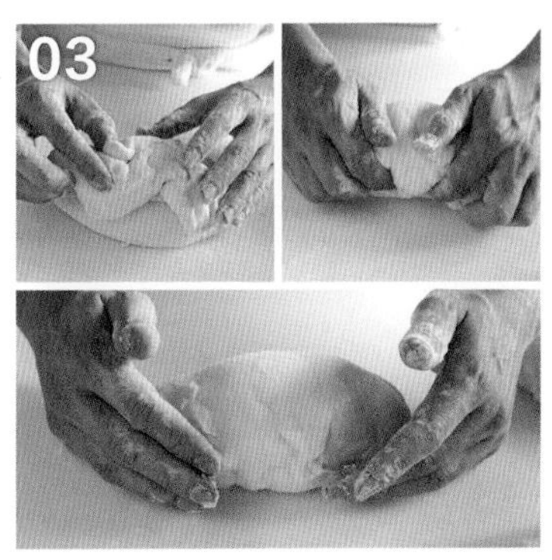

将分割后的面团轻拍、搓揉成椭圆形。

将面团静置于发酵箱中，进行 25 分钟中间发酵。

做 法

2. 整形

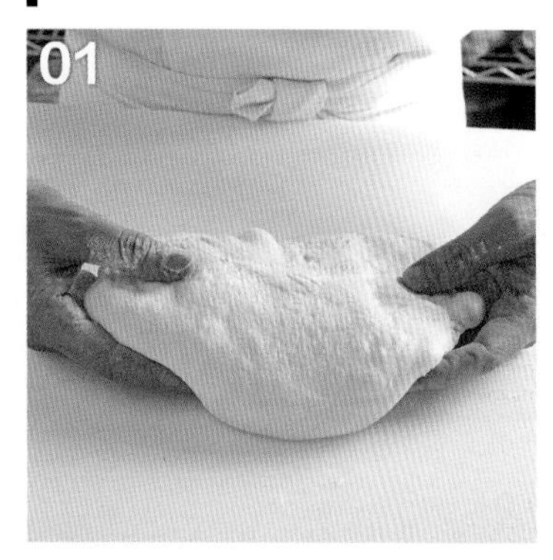

将发酵后的面团取出轻轻拍松。

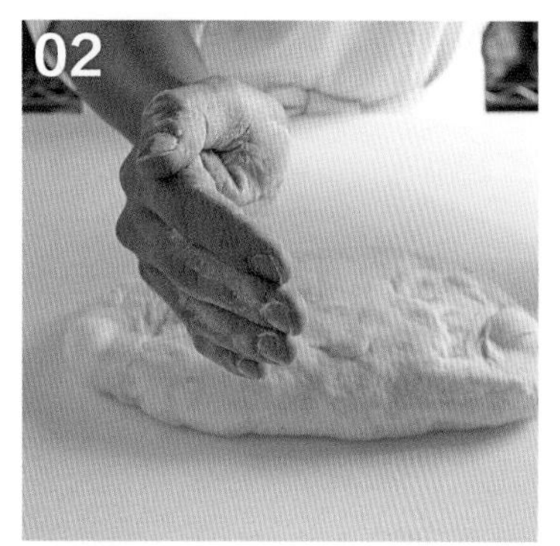

手势微弓轻拍面团。

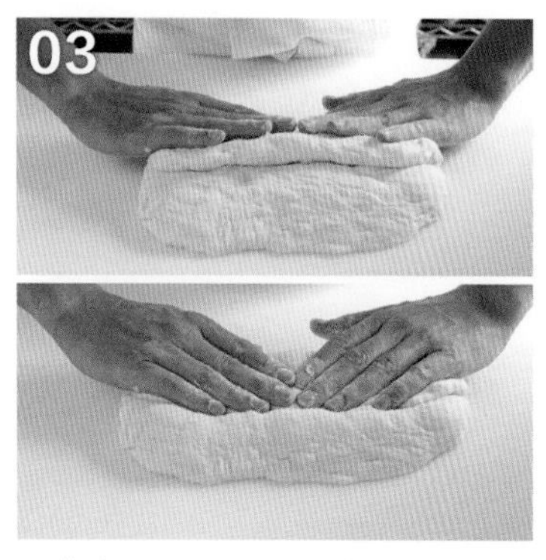

手伸直平放，将 1/3 的面团由下往上对折。

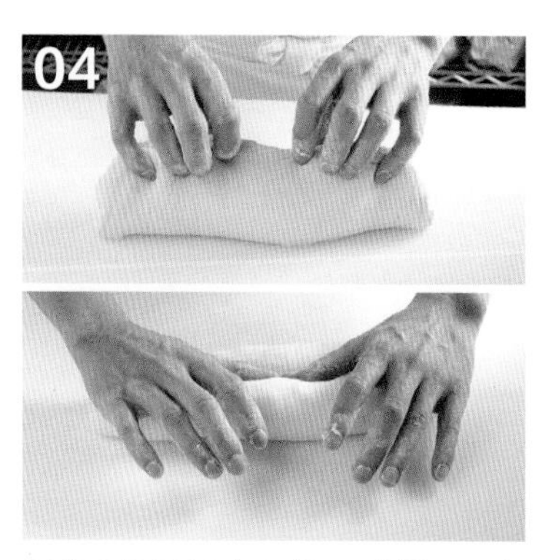

再将 1/3 面团由上往下对折，用大拇指在中间压出凹陷。

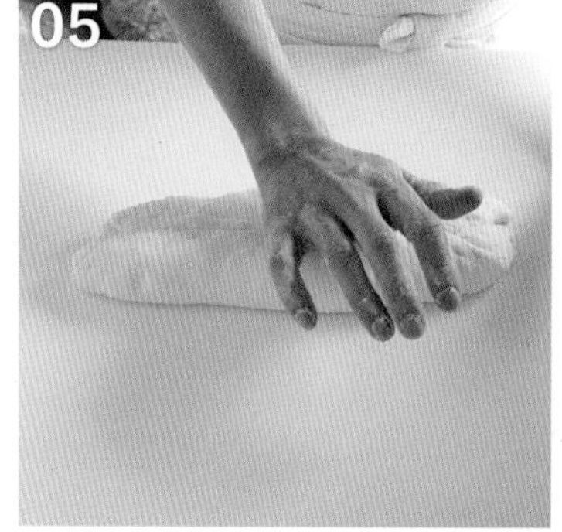

以手掌将中间封口压紧。

手微弓以虎口轻拍面团，拍打出气泡，但保留大概 1/3 的空气。面团再对折。

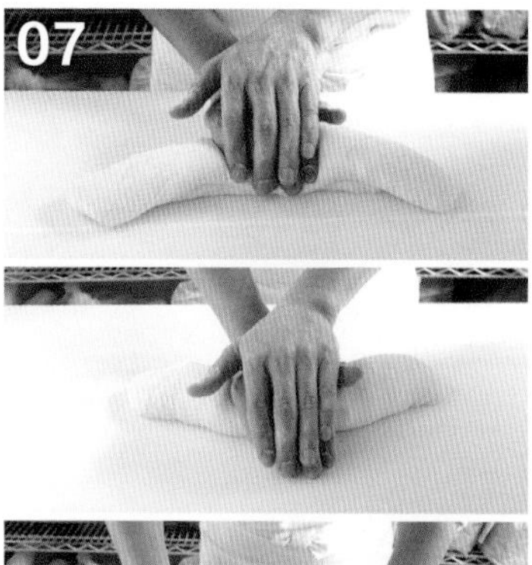

双掌交叠，将面团搓揉成 60 厘米长。

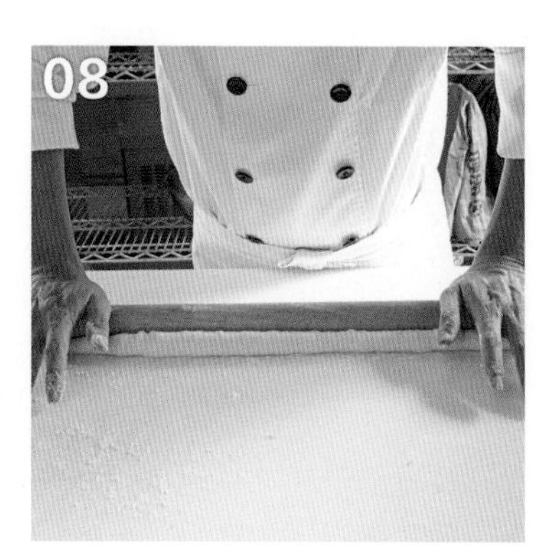

用擀面棍在中央压出一道凹槽。

将整形完成的面团置放在麻布上。

放入发酵木箱中，进行 60 分钟最后发酵。

做 法

3. 烤焙

用盛面包器取出面团，撒上面粉。

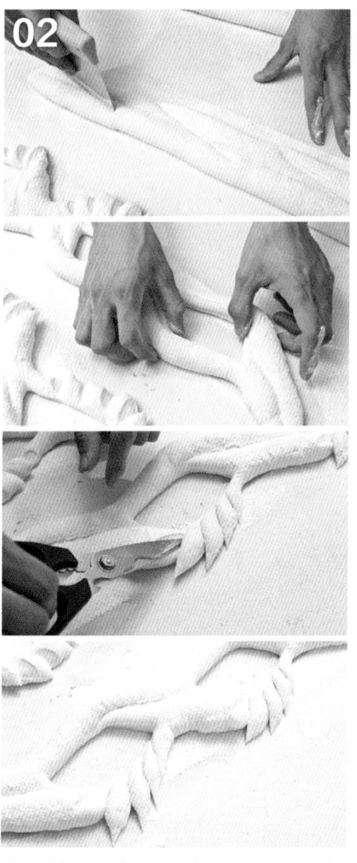

先用铁制分割刀垂直下压，平均切 3 刀；再用手拉开中间，镂空而不断，呈现 3 个洞；在每个洞左侧剪 3 或 4 刀做造型。

将烤箱中的蒸汽开启 5 秒，而后把面团送入烤箱，判断蒸汽是否薄薄地附着在面团的整个表面上，若不足再开蒸汽 1 秒。而后以上火 240℃、下火 230℃烤 30 分钟。

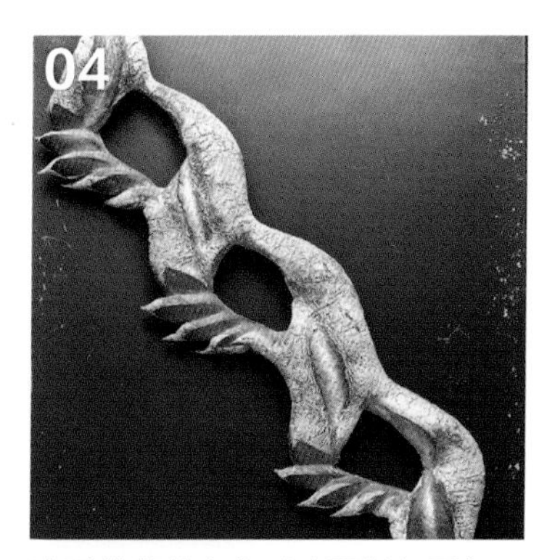

造型花俏的变化形法国长棍面包，既美丽又可口。

宝春师傅叮咛

变化形法国长棍面包可以任意变化形状，在书中只示范一种，读者可随自己的喜好想法和创意来变化形状。

这款法国面包是法国乐斯福面包大赛的必列考题，评审注重造型呈现，试吃的风味则不列入评分。

法国红豆面包

环 境

室内温度 26~28℃

每 颗 材 料

法国面包面团 …… 100 克
（做法见第 32 页）
明太鱼子酱 ………… 20 克
干燥香芹片 ………… 少许

制 程

- 分割。
- 中间发酵 25 分钟。
- 整形。
- 最后发酵 40 分钟。
- 烤焙。

做 法

1. 分割

取出法国面包面团。

分割面团，每块重量为 100 克。

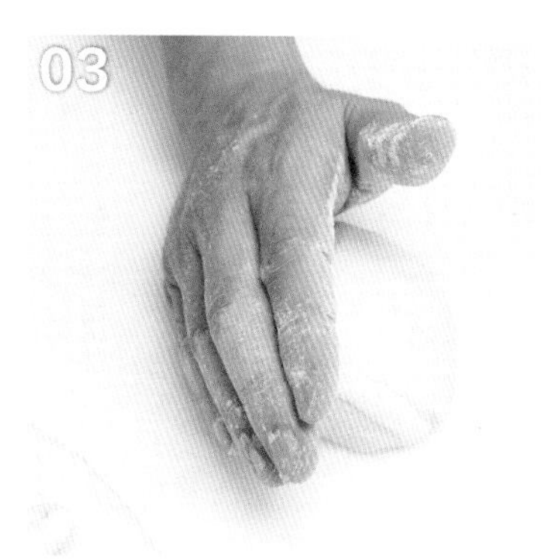

将分割后的面团轻拍、搓揉成圆形。

将圆形面团静置发酵箱中，进行 25 分钟中间发酵。

做 法
2. 整形

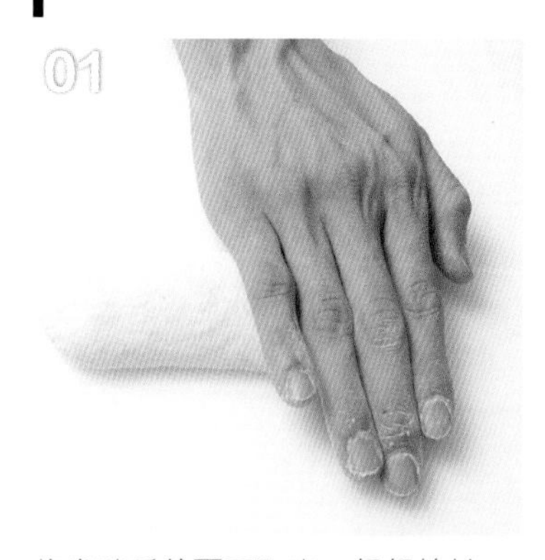

将发酵后的面团取出，轻轻拍松。

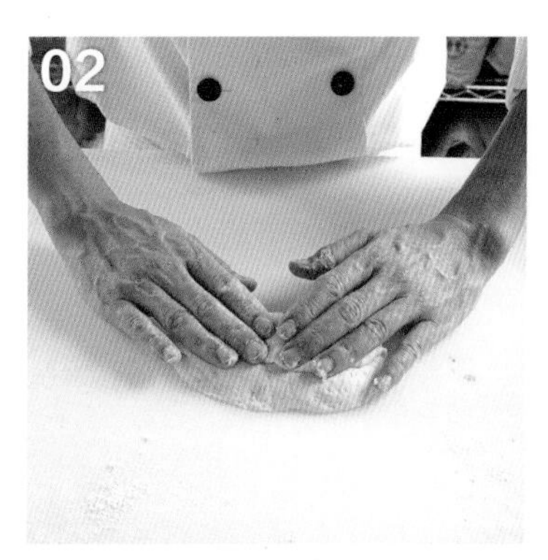

手伸直平放，将面团靠近自己一侧1/3的部分翻起折叠，并压出空气。

将另一侧1/3的面团也翻起、折好，中间会有部分重叠，再用大拇指在中间压出凹陷。

再将面团对折，以手掌将封口压紧。

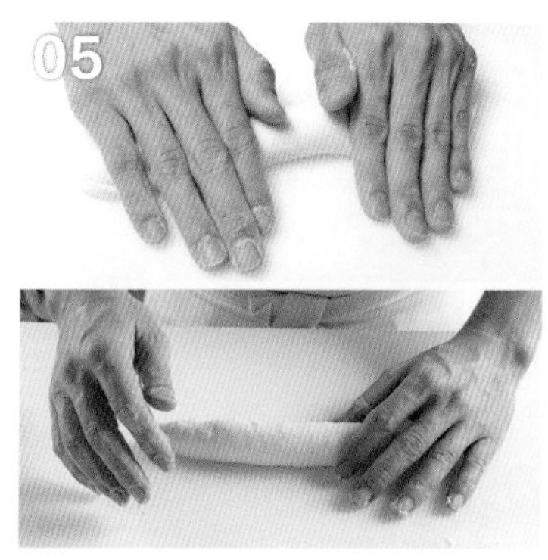

用手上下搓揉，将面团拉出20厘米的长度。放入发酵木箱中，进行40分钟最后发酵。

做 法
3. 烤焙

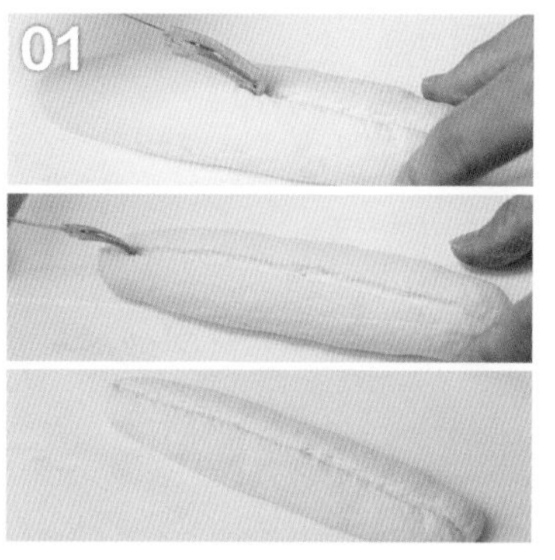

用盛面包器取出面团后，以划刀在面团中央由上至下划开。

将烤箱中的蒸汽开启5秒，而后把面团送入烤箱，判断蒸汽是否薄薄地附着在面团的整个表面上，若不足再开蒸汽1秒。而后以上火240℃、下火230℃烤22分钟。
烤好的面包取出放凉。

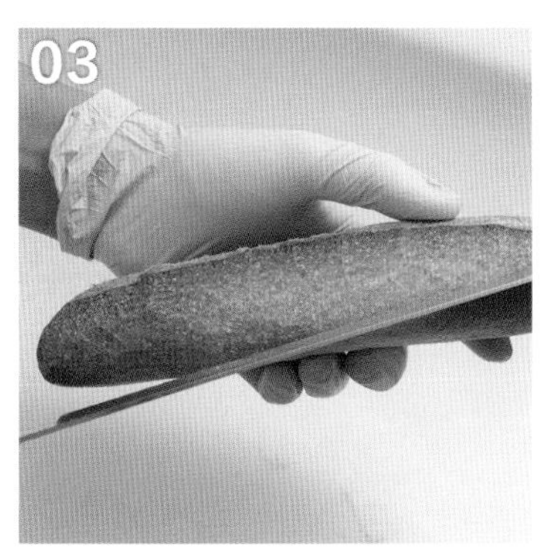

将面包对半斜切，切至 2/3 深度。

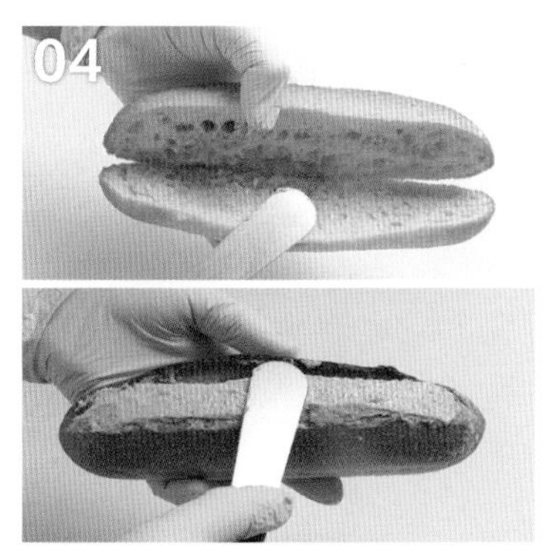

里层涂上 10 克明太鱼子酱，用包馅匙抹平；而后外层涂上 10 克明太鱼子酱。送入烤箱再烤 5 分钟。

点缀少许香芹片，香味浓郁的明太子面包上桌咯！

法国牛奶棒面包

环境

室内温度 26~28℃

每颗材料

法国面包面团 ·················· 100 克
（做法见第 32 页）
奶油馅 ···························· 20 克
（做法见第 229 页）

制程

- 分割。
- 中间发酵 25 分钟。
- 整形。
- 最后发酵 40 分钟。
- 烤焙。

做法

1. 分割

取出法国面包面团。

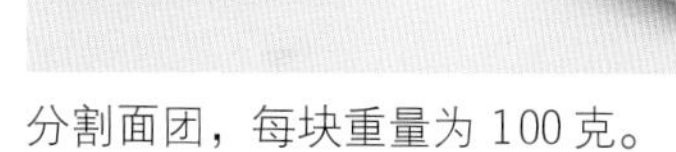

分割面团，每块重量为 100 克。

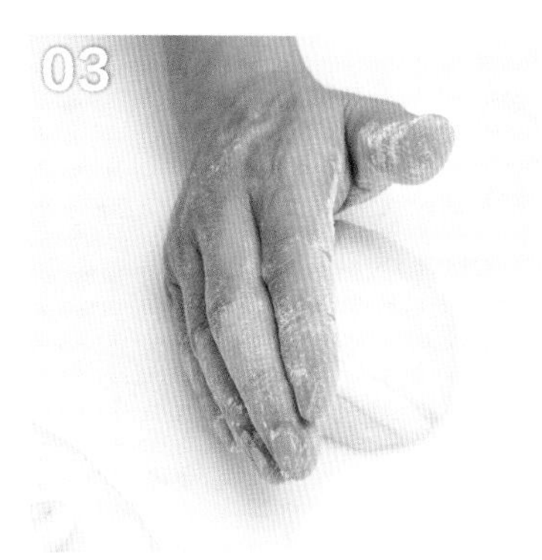

将分割后的面团轻拍、搓揉成圆形。

将圆形面团静置发酵箱中，进行 25 分钟中间发酵。

做法

2. 整形

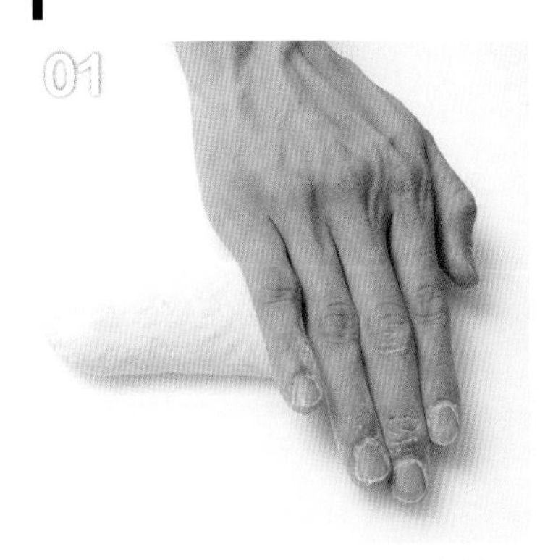

将发酵后的面团取出，轻轻拍松。

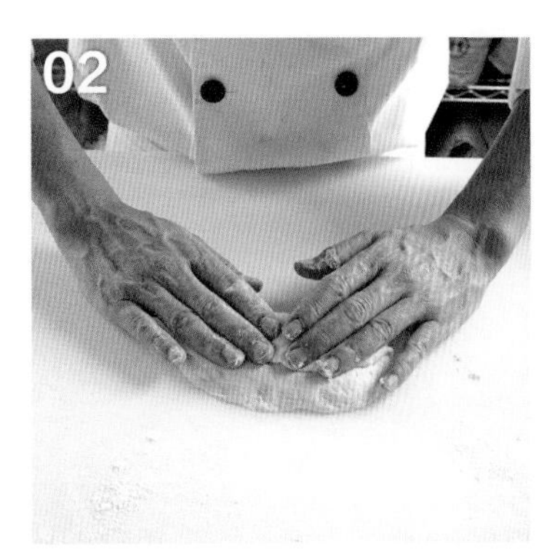

手伸直平放，将面团靠近自己一侧1/3的部分翻起折叠，并压出空气。

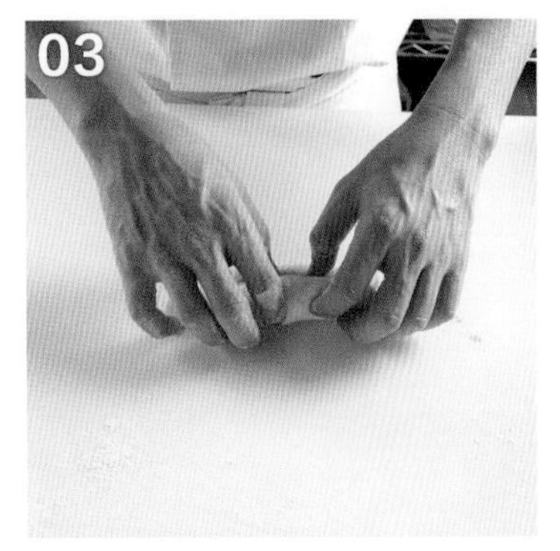

将另一侧1/3的面团也翻起、折好，中间会有部分重叠，再用大拇指在中间压出凹陷。

再将面团对折，以手掌将封口压紧。

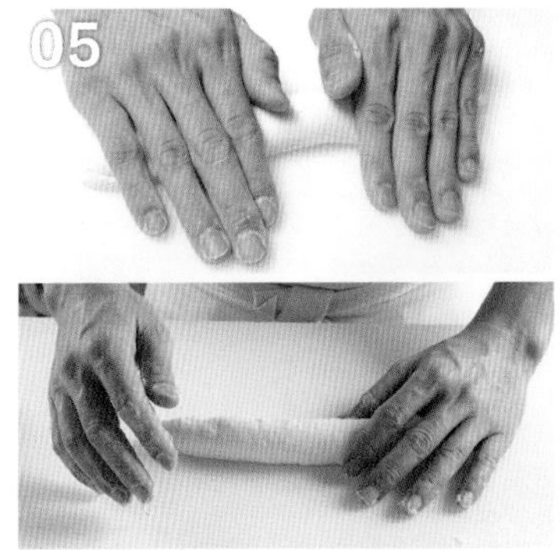

用手上下搓揉，将面团拉出20厘米的长度。放入发酵木箱中，进行40分钟最后发酵。

做法

3. 烤焙

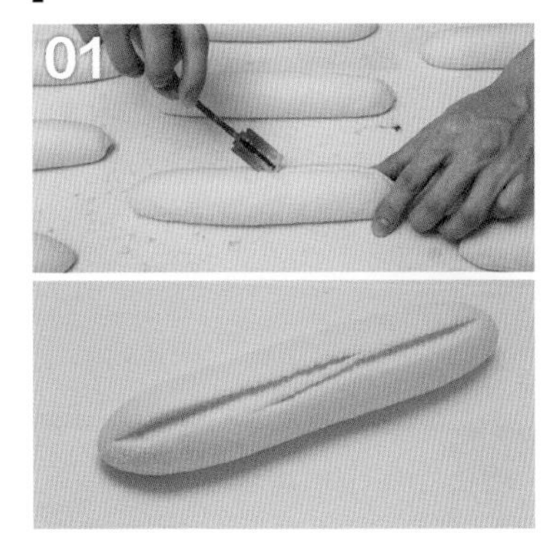

面团盛出之后，用刀片在表面斜划两刀。

将烤箱蒸汽开启5秒，而后把面团送入烤箱，判断蒸汽是否薄薄地附着在面团的整个表面，若不足再开蒸汽1秒。而后以上火240℃、下火230℃烤30分钟。

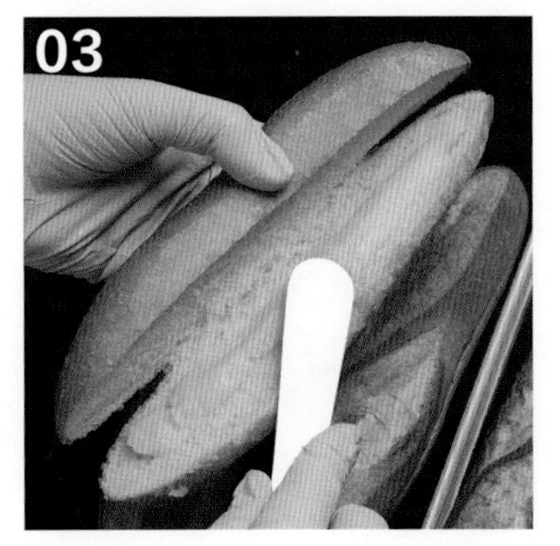

将烤好冷却后的面包对半斜切至2/3深度，里层涂上20克奶油馅。

面包外层洒上糖粉。

充满牛奶香气的法国牛奶棒面包。

巧克力法国面包

环 境

室内温度 26~28℃

材 料

乌越铁塔面粉 ······	1000 克	100%
成分：加拿大一级春麦、九州小麦、美麦 蛋白质：11.9%　灰分：0.44%		
可可粉 ··················	50 克	5%
盐 ························	20 克	2%
水 ······················	810 克	81%
低糖即溶酵母 ·········	7 克	0.7%
可可豆 ················	150 克	15%

制 程

- 搅拌（完成时面团温度为 24℃）。
- 第一次基本发酵 60 分钟。
- 翻面。
- 第二次基本发酵 60 分钟。
- 分割。
- 中间发酵 30 分钟。
- 整形。
- 最后发酵 60 分钟。
- 烤焙。

做 法

1. 搅拌

先将面粉、可可粉、盐倒入搅拌缸拌匀 2 分钟；倒入水，慢速搅拌 3 分钟；再加入低糖即溶酵母，继续慢速搅拌 3 分钟。

加入可可豆，持续慢速搅拌 1 分钟。面团搅拌完成，确认面团温度为 24℃，而后静置 60 分钟进行第一次基本发酵。

将面团倒扣于工作桌上，用手轻压，让空气均匀地分布在面团的毛细孔里。

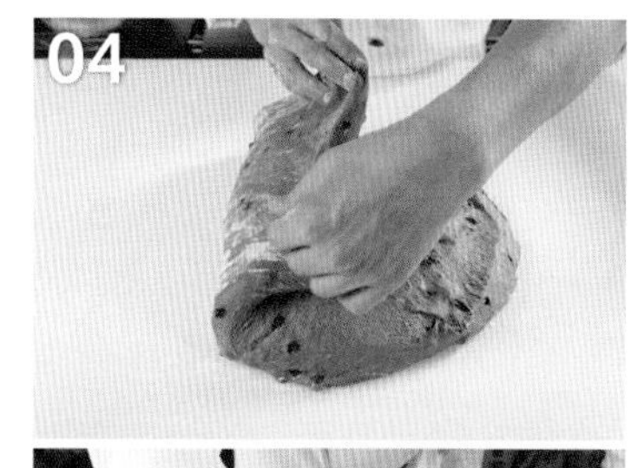

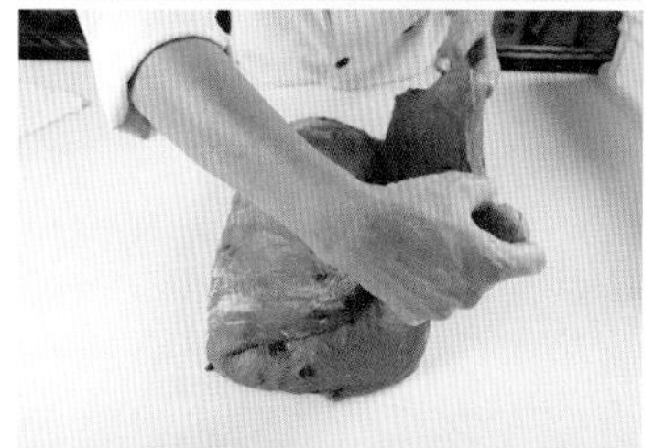

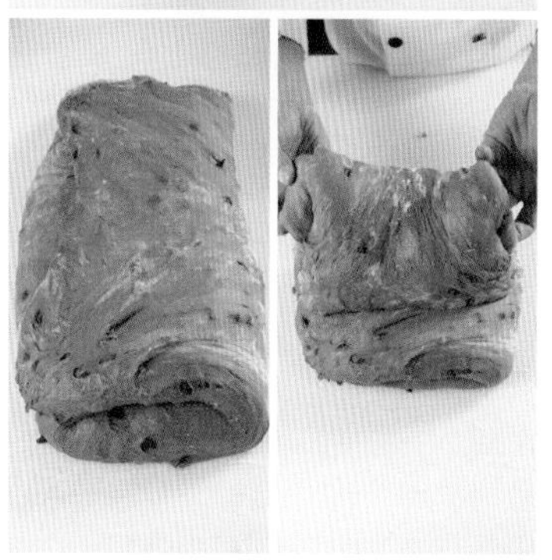

翻面：先左右对折再上下对折（技巧见第 24 页），让面团中的酵母再一次醒发，进行第二次基本发酵 60 分钟。

做 法
2. 分割

分割面团，每块为 200 克。分割时尽量保持完整块状，太多细碎块会破坏面团组织。

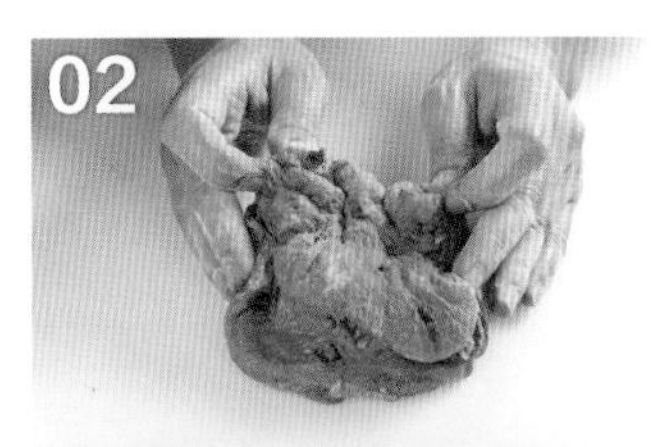

将分割面收入面团里面，轻拍面团，使其整体呈长椭圆形。

静置 30 分钟进行中间发酵，面团表面呈光滑状。

做 法
3. 整形

将发酵后的面团取出，轻轻拍平。

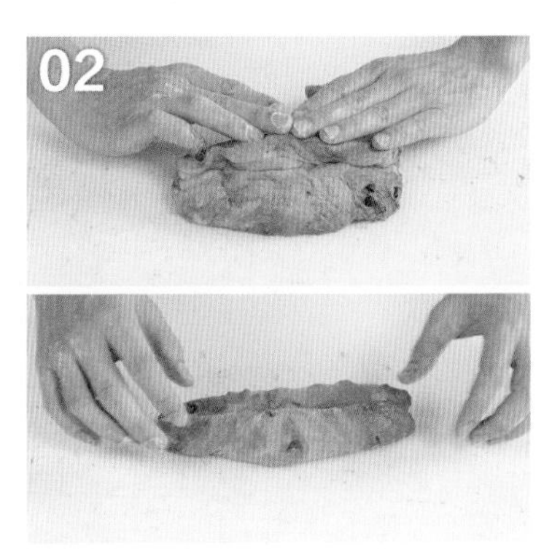

将下缘向上折 1/3，再将上缘往下折 1/3，将接缝处压平黏合。

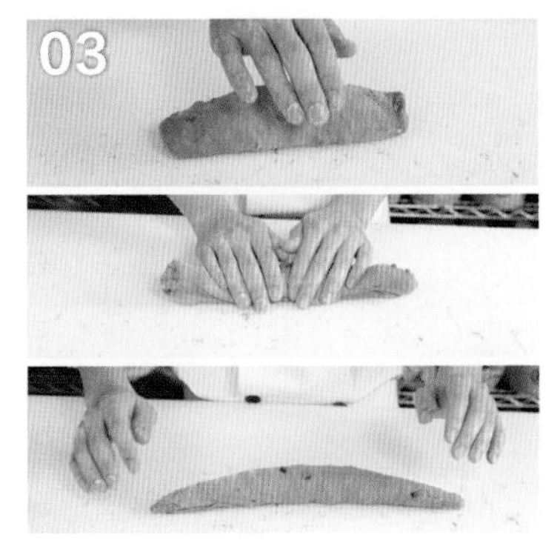

再将面团上下对折，搓揉成 25 厘米长。

面团整形完成，放进帆布。

放入发酵木箱中，进行 60 分钟最后发酵。

做 法

4. 烤焙

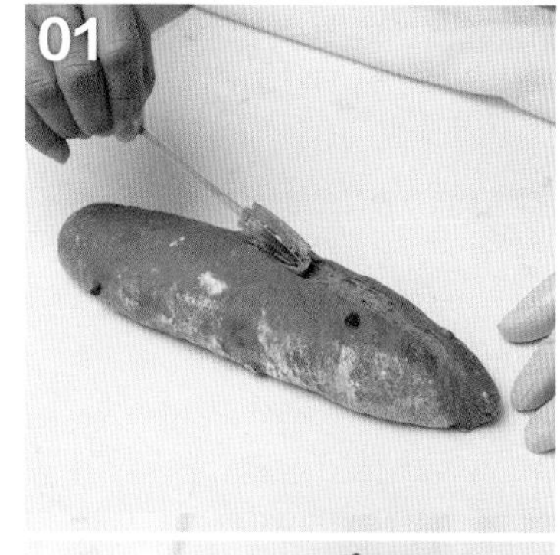

将面团取出，中间轻划 2 刀。

将烤箱中的蒸汽开启 5 秒，而后把面团送入烤箱，判断蒸汽是否薄薄地附着在面团的整个表面上，若不足再开蒸汽 1 秒。而后以上火 215℃、下火 205℃烤 30 分钟。

香浓、甜度适中的巧克力法国面包。

橘皮巧克力面包

环 境

室内温度 26~28℃

材 料

材料	用量	比例
乌越铁塔面粉 ······	1000 克	100 %
成分：加拿大一级春麦、九州小麦、美麦 蛋白质：11.9%　灰分：0.44%		
可可粉 ··················	50 克	5 %
盐 ························	20 克	2 %
水 ························	810 克	81 %
低糖即溶酵母 ············	7 克	0.7 %
可可豆 ··················	150 克	15 %
橘皮丁 ··················	150 克	15 %

制 程

- 搅拌（完成时面团温度为 24℃）。
- 第一次基本发酵 60 分钟。
- 翻面。
- 第二次基本发酵 60 分钟。
- 分割。
- 中间发酵 30 分钟。
- 整形。
- 最后发酵 60 分钟。
- 烤焙。

做 法

1. 搅拌

先将面粉、可可粉、盐倒入搅拌缸拌匀 2 分钟再倒入水，慢速搅拌 3 分钟；再加入低糖即溶酵母，继续慢速搅拌 3 分钟，之后转快速搅拌 3 分钟。

加入可可豆、橘皮丁，持续慢速搅拌 1 分钟。

面团搅拌完成，确认其温度为 24℃，而后进行第一次基本发酵 60 分钟。

将面团倒扣于工作桌上，用手轻压，让空气均匀地分布在面团的毛细孔里。

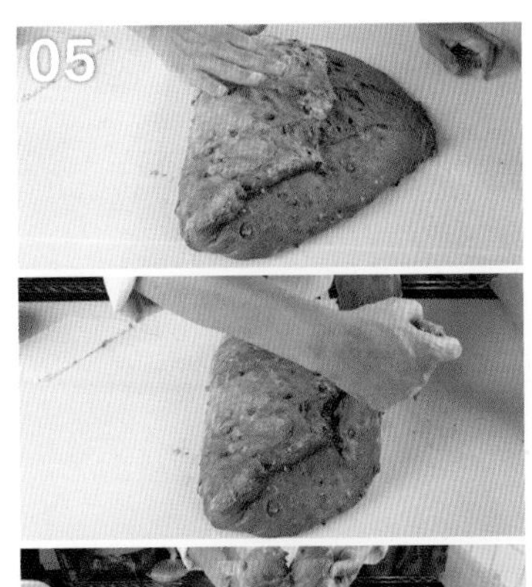

翻面：先左右对折再上下对折（技巧见第 24 页），让面团中的酵母可以再一次醒发。进行第二次基本发酵 60 分钟。

做法

2. 分割

分割面团，每块为 200 克。分割时尽量保持完整块状，太多细碎块会破坏面团组织。

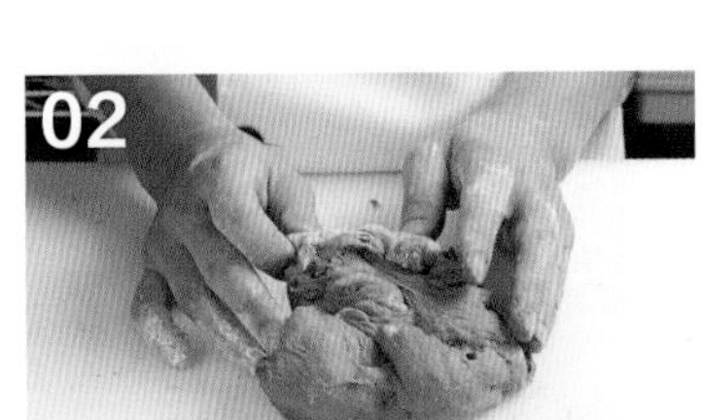

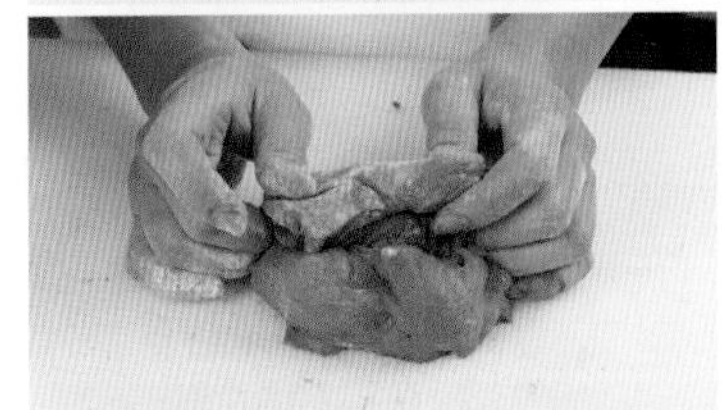

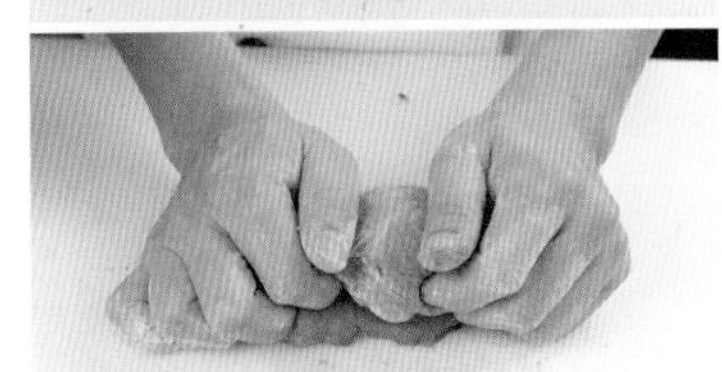

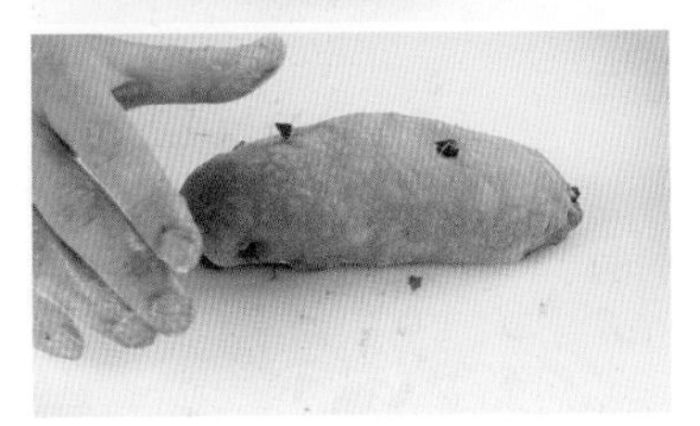

将分割面收入面团里面，轻拍面团，使其整体呈长椭圆形。

03

静置 30 分钟进行中间发酵，面团表面呈光滑状。

做 法

3. 整形

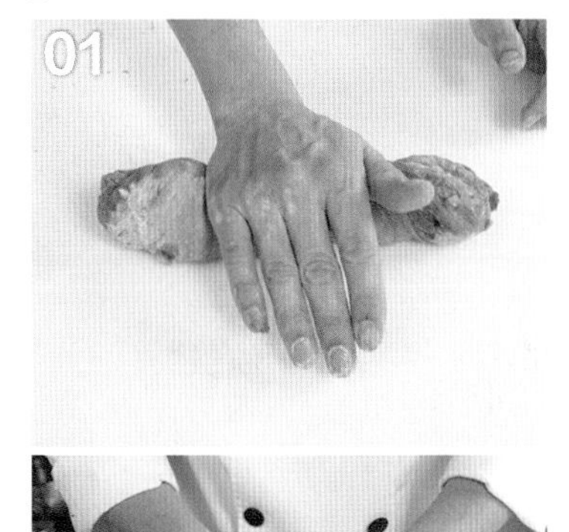

将面团揉成40厘米长。

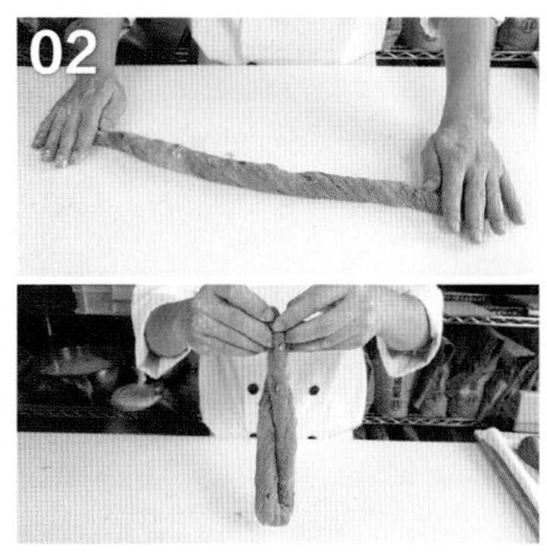

左右扭转面团，然后拉起面团两头。

将面团卷成麻花状。

放入发酵木箱中，进行60分钟最后发酵。

做 法

4. 烤焙

将烤箱中的蒸汽开启5秒，而后把面团送入烤箱，判断蒸汽是否薄薄地附着在面团的整个表面上，若不足再开蒸汽1秒。而后以上火225℃、下火215℃烤30分钟。

融合了可可豆和橘皮丁，带有酸、甜、苦滋味的橘皮巧克力法国面包。

巧克力香蕉面包

环 境

室内温度 26~28℃

材 料

乌越铁塔面粉	1000 克	100%
成分：加拿大一级春麦、九州小麦、美麦 蛋白质：11.9% 灰分：0.44%		
可可粉	50 克	5%
盐	20 克	2%
水	810 克	81%
低糖即溶酵母	7 克	0.7%
可可豆	150 克	15%
酒渍半干香蕉丁	330 克	33%

（做法见第 225 页）

制 程

- 搅拌（完成时面团温度为 24℃）。
- 第一次基本发酵 60 分钟。
- 翻面。
- 第二次基本发酵 60 分钟。
- 分割。
- 中间发酵 30 分钟。
- 整形。
- 最后发酵 50 分钟。
- 烤焙。

做 法

1. 搅拌

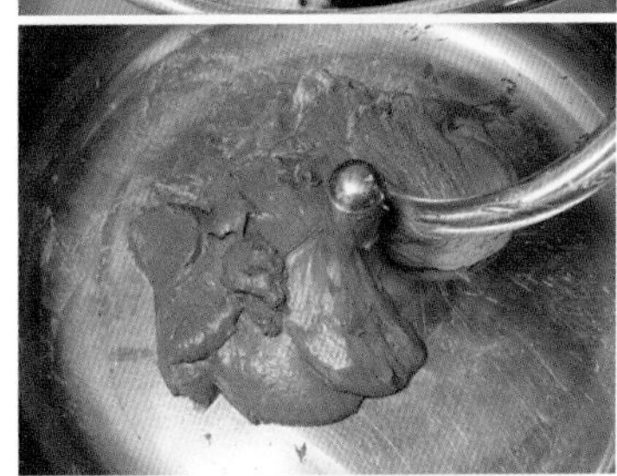

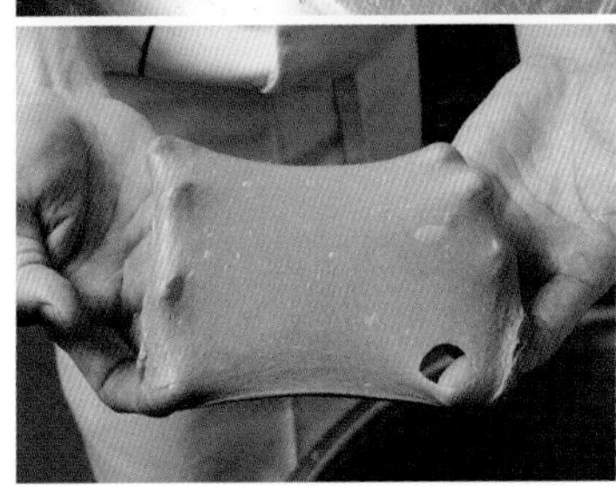

先将面粉、可可粉、盐倒入搅拌缸拌匀 2 分钟；再倒入水，慢速搅拌 3 分钟；再加入低糖即溶酵母，继续慢速搅拌 3 分钟，之后转快速搅拌 3 分钟。

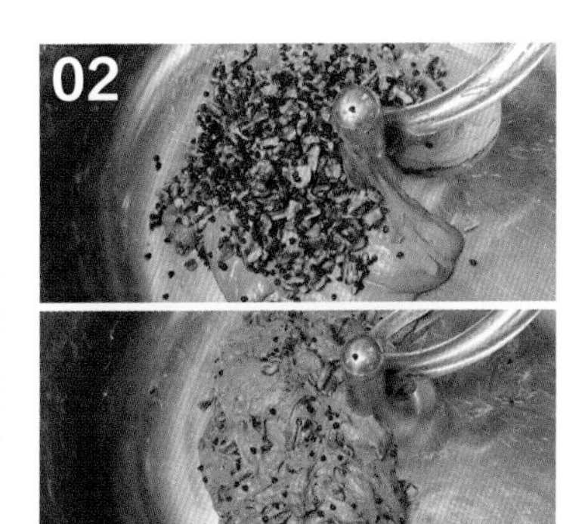

加入可可豆、酒渍半干香蕉丁，持续慢速搅拌 1 分钟。

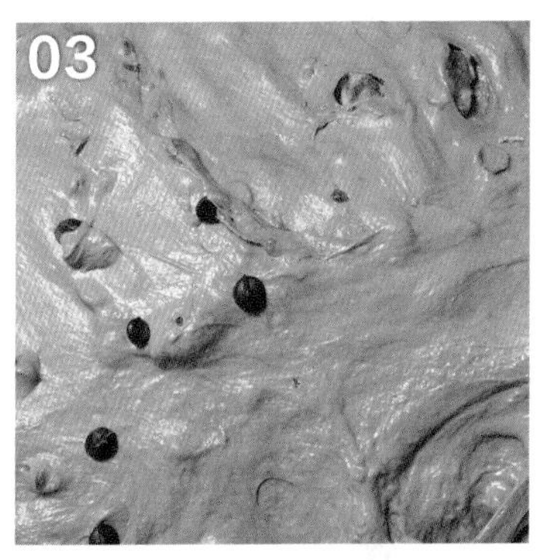

面团搅拌完成，确认面团温度为 24℃，而后进行第一次基本发酵 60 分钟。

将面团倒扣于工作桌上，用手轻压，让空气均匀地分布在面团的毛细孔里。

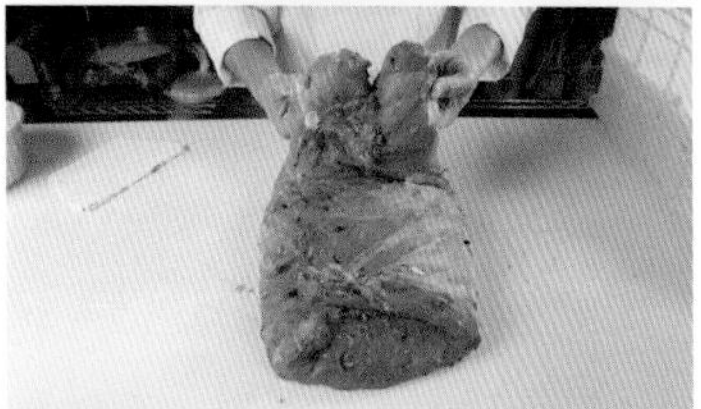

翻面：先左右对折再上下对折（技巧见第 24 页），让面团中的酵母可以再一次醒发。进行第二次基本发酵 60 分钟。

做 法

2. 分割

分割面团，每块为 200 克。分割时尽量保持完整块状，太多细碎块会破坏面团组织。

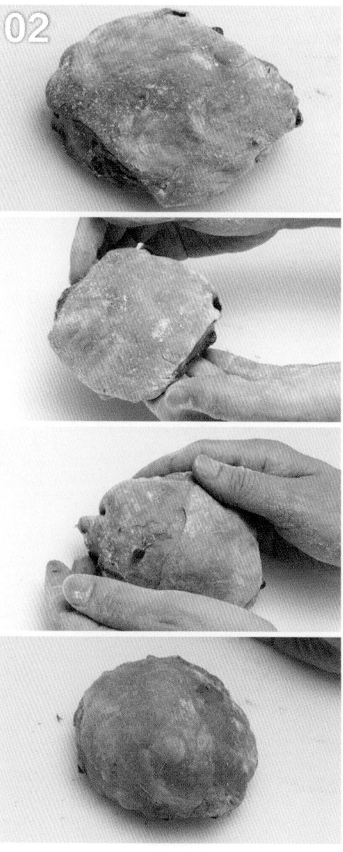

将分割面收入面团里面，轻拍面团，使其呈圆形。

静置 30 分钟进行中间发酵，面团表面呈光滑状。

做 法

3. 整形

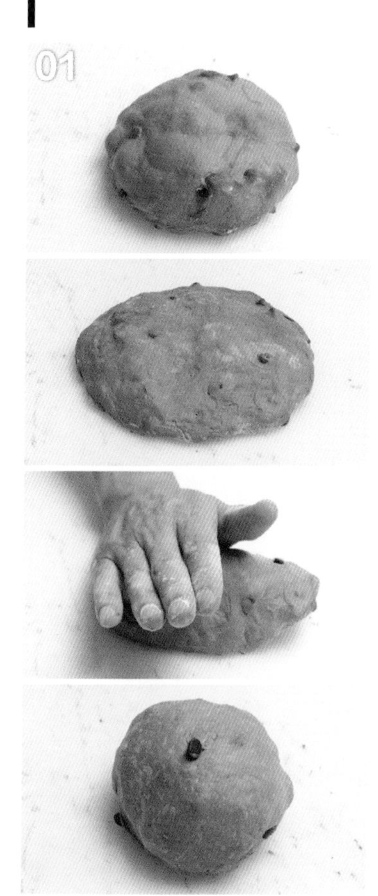

轻拍面团，滚圆收合。

放入发酵木箱中，进行 50 分钟最后发酵。

做 法

4 烤焙

将面团取出，入炉前先划 4 刀，如“井”字形。

将烤箱中的蒸汽开启 5 秒，而后把面团送入烤箱，判断蒸汽是否薄薄地附着在面团的整个表面上，若不足再开蒸汽 1 秒。而后以上火 215℃、下火 205℃烤 32 分钟。

出炉了！香蕉丁与巧克力让面包滋味更丰富。

欧式面包

许多历史考究认为，人类吃面包的历史已有两万年之久，在人类文明起源的两河流域文化中，人们已知道如何将谷物碾碎后加水混合，再火烤后食用。之后，做面包的技术经由埃及再传入欧洲大陆。古希腊时代，历史上第一家面包店诞生（参考《普瓦兰面包之书》，第 216 ~ 219 页）。

自此，面包对于欧洲而言，不只是文明的象征，更与政治、宗教、经济息息相关，是他们生活文化的基底，欧式面包也可以说主宰了近世纪全球面包的发展。其中，裸麦制成的黑面包，是欧洲民族肚子和精神最重要的养分，它曾是贫穷、黑暗阶级的代称。直到 18 世纪法国大革命后，“穷人吃黑面包，有钱人吃白面包”的不平等时代才告终，因此“面包平等权”，实则是自由、平等反映在真实生活上的具体意涵。

有趣的是，早年相较容易种植的裸燕和燕麦，近年反而种植面积较少，成本比小麦还贵，加上人们的健康意识增强，认为粗制的裸麦粉营养价值较高，于是时代又翻转一回，现在黑面包比白面包还贵，成了高级品。

这段面包史的发展，带给我极大的体悟：人生就和面包一样，不要因为出生环境的低劣、卑微，就自我放弃，甚或草草否定自己未来发展的可能性；人生要像欧式面包，要慢慢咀嚼、细细品尝，生命的后韵即会涌现。

不同国家各有独特的面包

严格来说，欧洲国家主要的面包种类都能称为“欧式面包”。但不同国家代表的面包特色又不同，黑面包只是其中最具代表性的主流面包。

以德国黑面包来说，他们用裸麦培养老面，带着特殊的酸味口感。裸麦富含半纤维素，虽然有饱足感，有益肠道健康，但裸麦其实没有筋性，不容易成形及包覆空气，因此面团不易膨胀，烘烤技术门槛很高。另外，德国人爱喝啤酒，特殊的啤酒面包制作过程会沾碱水，也因为啤酒是酸性，如此边喝啤酒边吃面包，可以达到酸碱中和，让口感更顺。

意大利面包又是完全不同的风情。意大利的水果面包，甚至为他们国家带来极为丰厚的外汇收入，由此即可知这款面包在世界面包舞台占有多重的分量。意大利水果面包的制作过程极为繁复而困难，可以说它是失败率很高的面包，而成与败的口感差异犹如天壤之别，是面包师傅心中的一堵高墙。

水果面包老面特殊，是用从水果中提炼出的菌种，再与面粉、水发酵；面包里的果干则需长时间经酒浸泡。这种层层叠叠的工序，让面包有独特的个性：一般面包都是愈新鲜愈好吃；而意大利水果面包却像酒一般，愈陈愈香，放愈多天愈好吃，酒渍的果干和面包体在空气底下，会慢慢由时间、温度再次酝酿沉淀，让香气加乘。这也是我下一步要挑战的目标。

台湾面包师傅的学习与挑战

但我也要坦承，自己过去所接触的欧式面包，都是“日式”的欧式面包，是由日本人的观点和方法制成的“改良品”。直到2008年前往法国参加世界杯比赛之前，我对于所谓“真正的欧式面包”，仍是一知半解、瞎子摸象。

面包不是只有配方和步骤就能百分百仿制的，除了麦子的品种，甚至水中的矿物质都可能让口感产生差异。但做一款面包若全部材料都要由产地原装进口，不只成本太高，也不尽符合本地人的口味。重点是了解后，再消化、创新。

这是日本人教会我的“欧式面包精神”。日本人学习欧式面包，会到当地通透地了解和学习，把技术带回国后，再依照本地人的口味，修饰亚洲人较无法接受的酸味，减少裸面和老面的比例，但留存欧式面包的骨髓。这种学习、挑战的态度是我所欣赏的。这单元列出的欧式核桃面包的做法，是我集合前辈们的智慧及多年的学习经验，不断尝试不同比例组合而调整出的适合东方人口味的欧式面包。

欧式核桃面团

环境

室内温度 26~28℃

材料

霓虹吐司粉 ········ 1000克 100%
蛋白质：11.9% 灰分：0.38%
砂糖 ···················· 60克 6%
麦芽精 ·················· 5克 0.5%
全蛋 ··················· 100克 10%
鲜酵母 ·················· 35克 3.5%
法国面包面团 ······ 150克 15%
（做法见第32页，并经过5℃冷藏12小时）
盐 ························ 17克 1.7%
水 ······················ 560克 56%
无盐黄油 ·············· 70克 7%
核桃 ···················· 300克 30%

制程

- 搅拌（完成时面团温度为26℃）。
- 第一次基本发酵60分钟。
- 翻面。
- 第二次基本发酵30分钟。

做法

1. 搅拌

将面粉、水、砂糖、麦芽精、全蛋倒入搅拌机，慢速搅拌3分钟。

当搅拌至第2分钟时，加入鲜酵母及经过5℃冷藏12小时的法国面包面团。3分钟搅拌完成后让面团静置15分钟，再慢速搅拌1分半钟。

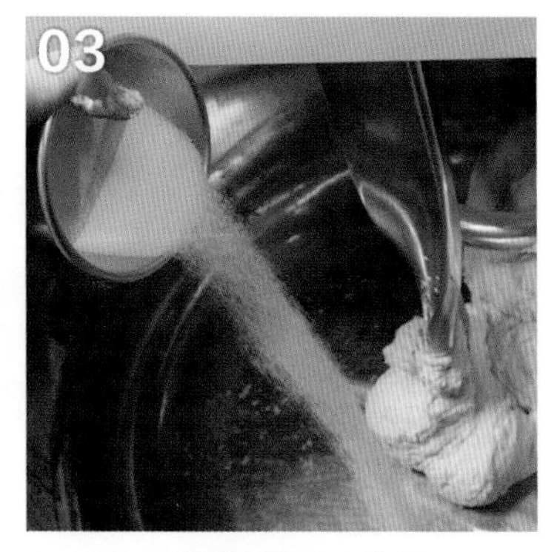

加入盐，再慢速搅拌4分钟。

加入无盐黄油，慢速搅拌1分钟。

加入核桃，慢速搅拌1分钟。

做 法

2. 发酵

第一次基本发酵：静置 60 分钟。

面团倒扣于工作桌，轻拍面团，让空气平均地分布在毛细孔里。

翻面：先左右对折再上下对折（技巧见第 24 页），让面团中的酵母再一次醒发。

04

第二次基本发酵：静置 30 分钟。

第二次基本发酵完成后，依将要制作的面包尺寸对面团进行分割。

面团成形，测量其温度，应为 26℃。

南瓜核桃面包

环境

室内温度 26~28℃

每颗材料

欧式核桃面团 ·············· 70 克
（做法见第 74 页）
南瓜泥 ························ 50 克
（做法见第 227 页）

制程

- 分割。
- 中间发酵 30 分钟。
- 整形。
- 最后发酵 60 分钟。
- 烤焙。

做法

1. 分割

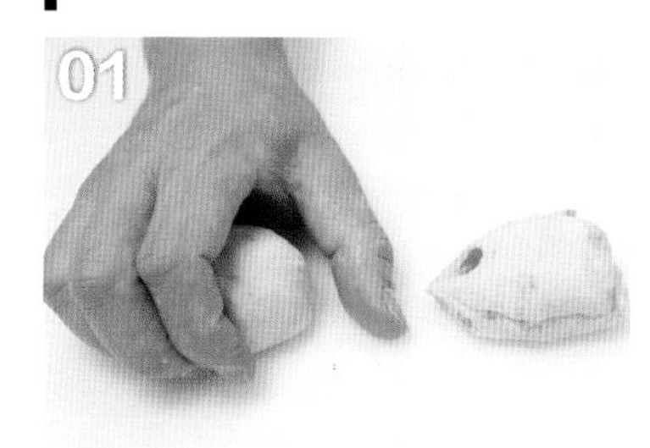

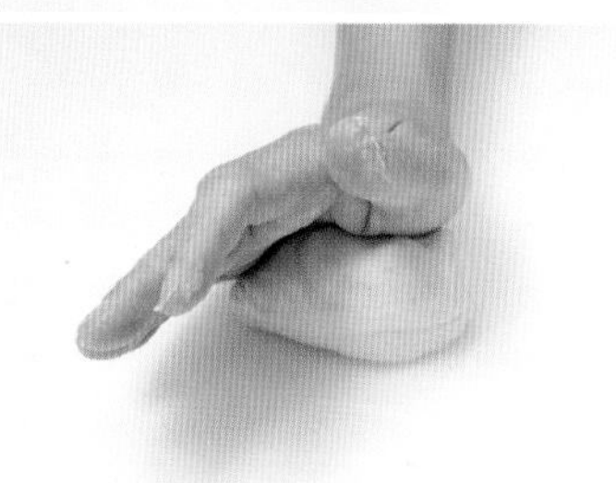

将欧式核桃面团分割，每块为 70 克。接着将分割后的面团滚圆，而后进行中间发酵 30 分钟。

做法

2. 整形

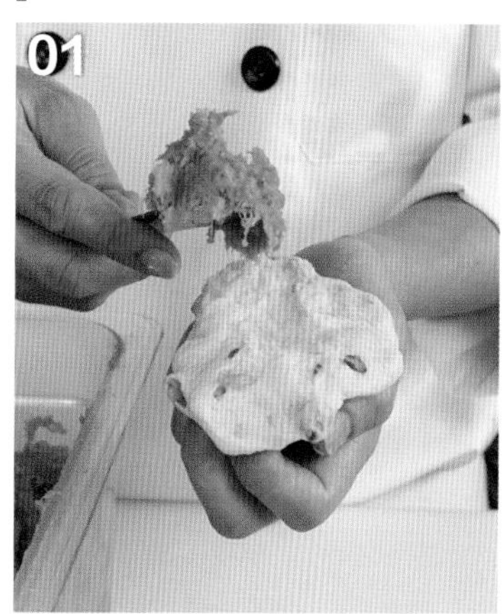

将面团拍平，而后将南瓜泥包在中间。

将包馅面团的底部捏合。

做 法

3. 烤焙

放入温度 38℃、湿度 80% 的发酵箱内，进行 60 分钟最后发酵。

在发酵好的面团上，再放上一块干净的烤盘。

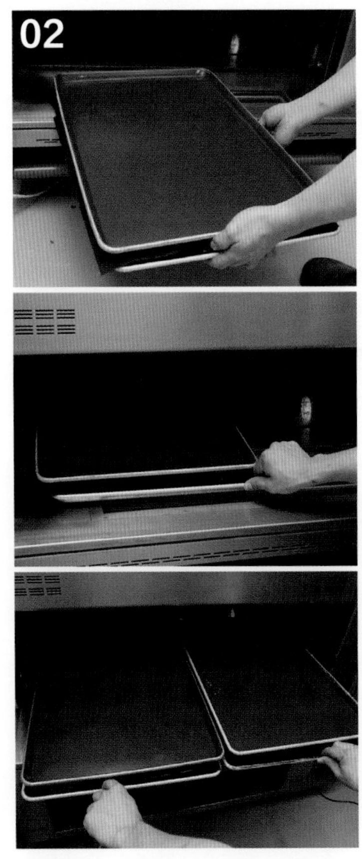

将面团送入烤箱，开启蒸汽喷发 5 秒，以上火 240℃、下火 210℃烤 28 分钟。

充满南瓜清香的南瓜核桃面包。

奶酪核桃面包

环 境

室内温度 26~28℃

每 颗 材 料

欧式核桃面团 …………… 125 克
（做法见第 74 页）
芝士丝① …………………… 15 克
高达（Gouda）奶酪 ……… 25 克

制 程

- 分割。
- 中间发酵 30 分钟。
- 整形。
- 最后发酵 60 分钟。
- 烤焙。

编者注

① 也称奶酪丝、芝士碎。

做 法

1. 分割

分割欧式核桃面团，每块为 125 克。

将面团滚圆。
进行 30 分钟中间发酵。

做 法

2. 整形

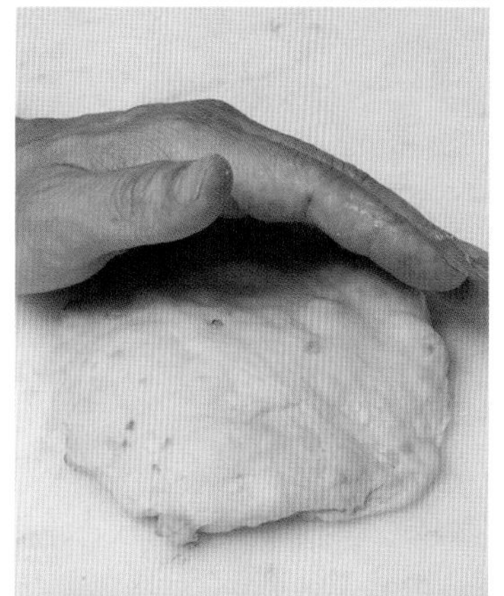

将发酵后的面团拍平。

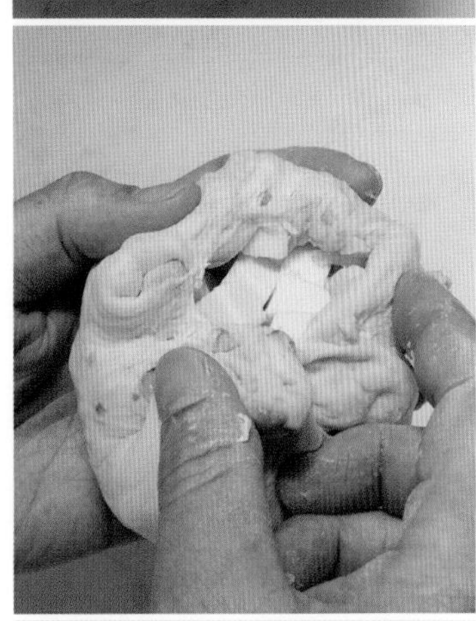

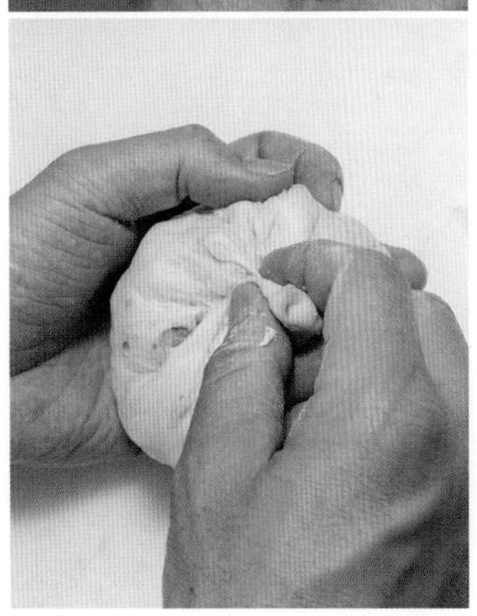

将奶酪丝、高达奶酪包在中间。

将上述面团放进帆布，一起进入发酵木箱，进行 60 分钟最后发酵。

做 法

3. 烤焙

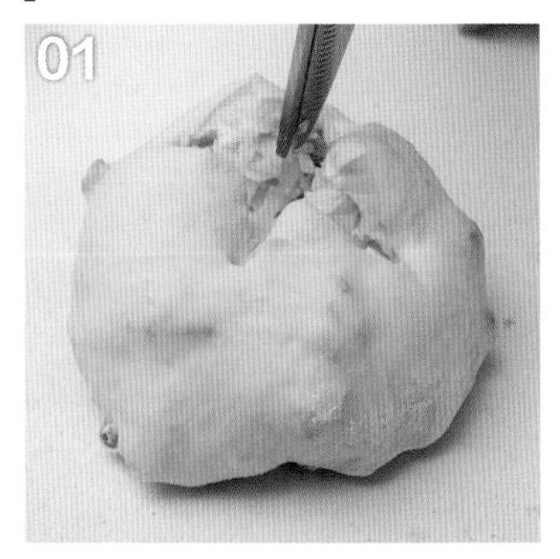

将发酵好的面团用剪刀剪出十字状。

开启烤箱蒸汽喷发 4 秒后，将面团送入烤箱，以上火 230℃、下火 200℃烤 25 分钟。

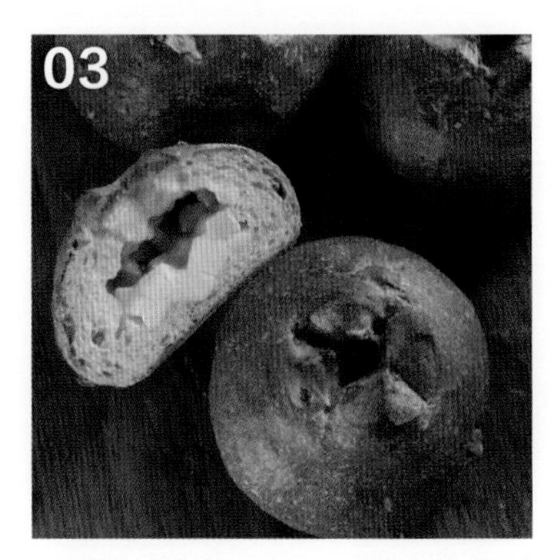

奶酪核桃面包，每一口都品尝得到奶酪的浓郁与核桃的口感。

蜂蜜核桃面包

环 境

室内温度 26~28℃

材 料

霓虹吐司粉	1000 克	100%
蛋白质：11.9% 灰分：0.38%		
砂糖	60 克	6%
麦芽精	5 克	0.5%
全蛋液	100 克	10%
鲜酵母	35 克	3.5%
法国面包面团（做法见第 32 页，并经过 5℃冷藏 12 小时）	150 克	15%
盐	17 克	1.7%
水	560 克	56%
无盐黄油	70 克	7%
核桃	300 克	30%
蜂蜜丁①	300 克	30%

制 程

- 搅拌（完成时面团温度为 26℃）。
- 第一次基本发酵 60 分钟。
- 翻面。
- 第二次基本发酵 30 分钟。
- 分割。
- 中间发酵 30 分钟。
- 整形。
- 最后发酵 60 分钟。

编者注

① 蜂蜜丁由 80% 的蜂蜜及耐高温果胶制成，烘烤后会保留颗粒感。读者如果买不到，可试试用蜂蜜软糖切碎使用。

做 法

1. 搅拌

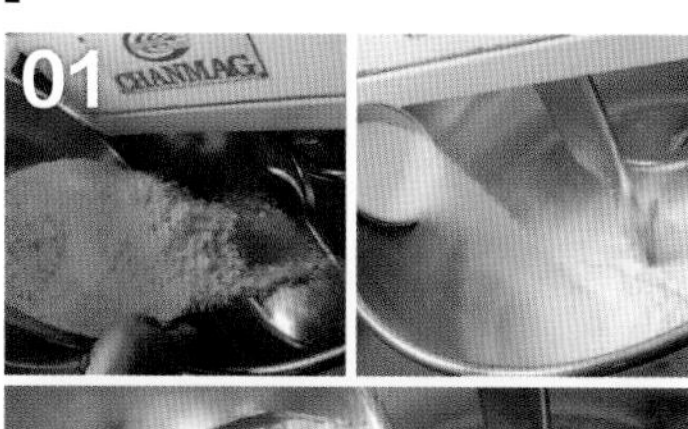

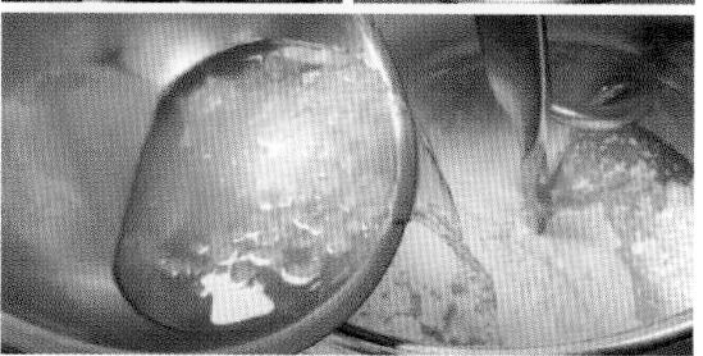

将面粉、水、砂糖、麦芽精、全蛋液倒入搅拌机，慢速搅拌 3 分钟。

当搅拌至第 2 分钟时，加入鲜酵母及经过 5℃冷藏 12 小时的法国面包面团。3 分钟搅拌完成后让面团静置 15 分钟，再慢速搅拌 1 分半钟。

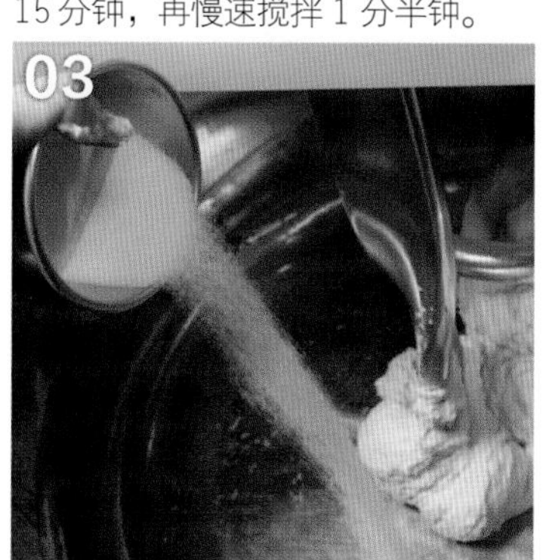

加入盐，慢速搅拌 4 分钟。

加入无盐黄油，慢速搅拌 1 分钟。

拌入核桃和蜂蜜丁，搅拌均匀。

面团成形，测量面团温度，应为 26℃。

做 法

2. 发酵

第一次基本发酵：静置 60 分钟。

面团倒扣于工作桌，轻拍面团，让空气平均地分布在毛细孔里。

翻面：先左右对折再上下对折（技巧见第 24 页），让面团中的酵母再一次醒发。

第二次基本发酵：静置 30 分钟。

第二次基本发酵完成后，依将要制作的面包尺寸对面团进行分割。

做 法

3. 分割

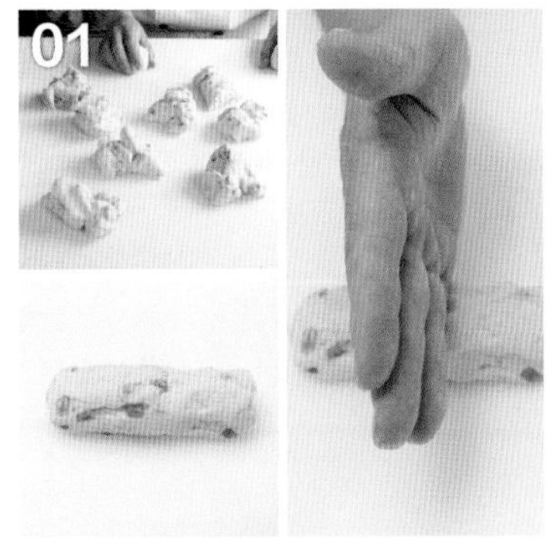

分割面团，每块为 30 克。

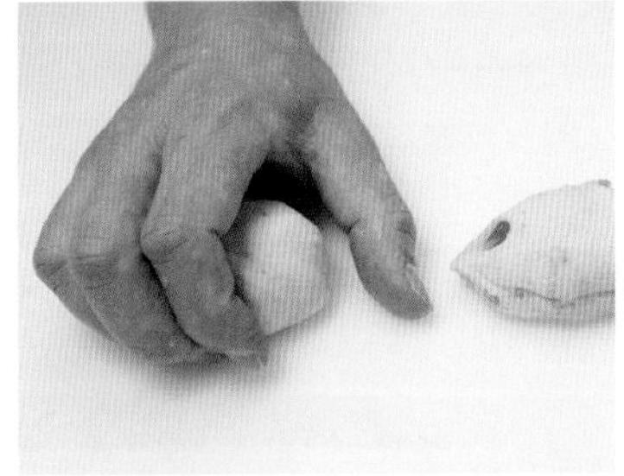

将分割后的面团轻揉成圆形，静置 30 分钟进行中间发酵。

做 法

4. 整形

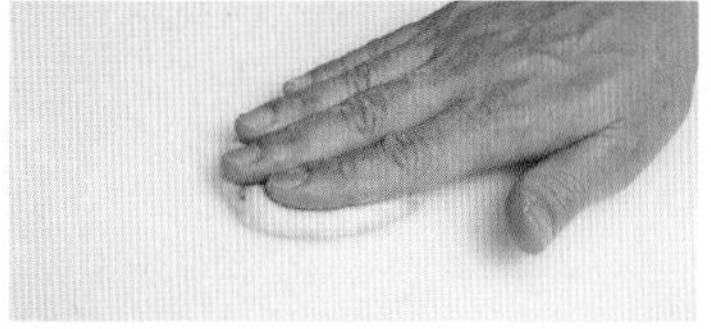

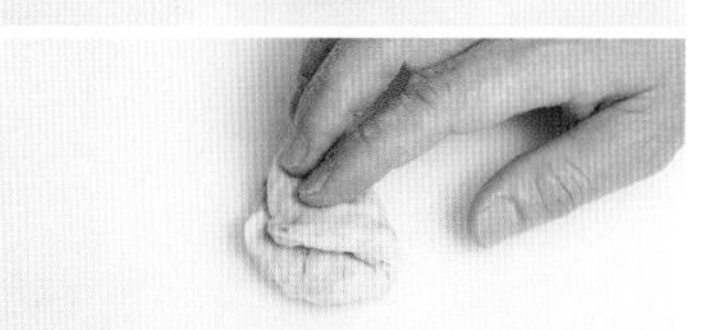

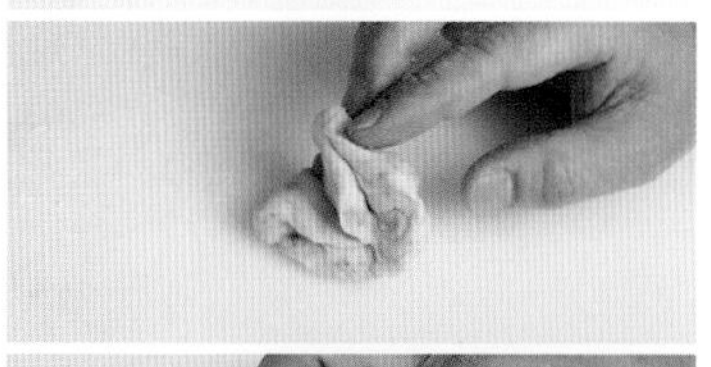

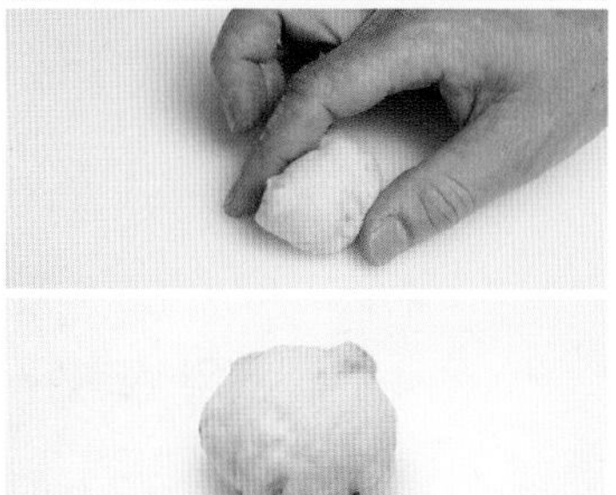

轻拍面团，滚圆。

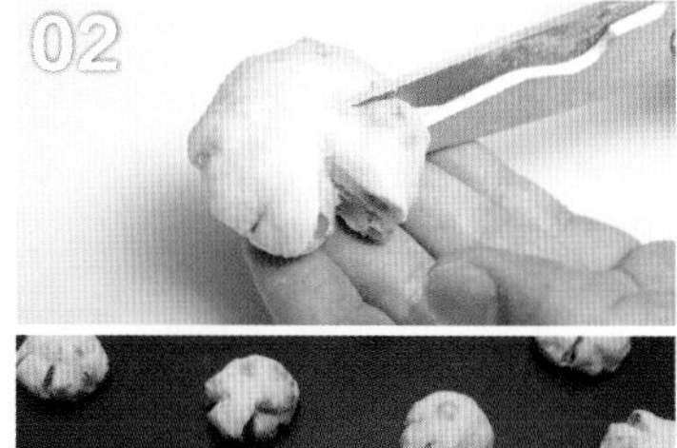

将面团剪2刀，而后整形放入烤盘。

放入温度38℃、湿度80%的发酵箱内，最后发酵60分钟。

做 法

5. 烤焙

面团烘烤前先刷全蛋液。

将面团送入烤箱，以上火250℃、下火220℃烤11分钟。

散发特殊甜味的蜂蜜核桃面包。

可颂面包

我曾在天寒地冻里，和可颂谈了一场刻骨铭心的“恋爱”，苦苦追求，只为了让它如花朵般，绽放美丽的笑靥。

学习路上最大的铁板

可颂面包是我面包学习路上最大的一块铁板。我心向往的，是像一曲巴黎香颂般轻快、短口（一咬就断）的可颂，奶油均匀又完美地撑开一层又一层的面皮，沾上野蜂蜜、配着黑咖啡，马上让人有恋爱的感觉。

但我总是不得其门而入，遍寻不到那把可以进入可颂面包怀抱的钥匙。

可颂面包和奶油，都源自寒冷的北欧，食材特性反映出当地的气候和饮食习惯，在那个极度需要热量的国度，才会发展出在面团中一层一层裹上奶油的面包做法。而奶油遇高温就融化，面团就会跟着萎缩，做出来的可颂面包味道和外观都会失色。如何能让奶油与面团完美结合、你侬我侬，便是最大的挑战。

可颂面皮的折数，会影响成品的口感，各人有不同的喜好。我喜欢四折的可颂，除了外观呈现的折纹最诱人，麦香和奶油还能完全融合，咬起来不拖泥带水，又能咀嚼出奶香和麦香。

但早年，我做出来的可颂像月亮，初一、十五都不一样，今天仿佛玫瑰花才要吐蕊，明天就憔悴枯萎。我心中有无数个困惑，没有人可以给我答案。于是我决定缠斗到底，用土法炼钢、穷追猛打的手法，得到答案。

每晚八九点，在面包店打烊后，我就跑到工厂加班练功。为了让可颂面包里一层又一层的奶油不会融化，得待在6℃的冷藏室里做面包，连夏天都要穿上厚外套，在冰冷的工厂里反复练习压面、整形，一心只顾着和面团“恋爱”。

那种奇妙的感受至今记忆深刻。在偌大空旷的工厂里，鸦雀无声，空无一人，我一遍又一遍地压面、裹油、分割，仿佛置身在浩瀚无边的宇宙中，追寻一个想象中的味道和美丽，期待一个未知的明天。啊，可颂啊可颂，真的好诱人，让我无怨无悔地重复试做。

但我还是不断地失败，完全没有办法做出美味的可颂面包，一次又一次，不是口感太Q，就是外形不够漂亮。在无人的夜里加班苦练了快五年，工厂依旧空荡荡、冷冰冰，没有因为我的努力而给我一丝温暖的回应；我还是敲不开可颂面包的芳心，屡做屡败，屡败屡做，我没有伤心或想要放弃，只想找出答案。

从失败中累积成功的智慧

几年后，我去日本进修才发现，我当时怎么苦练都不可能会成功，因为我根本用错了原料。

因为当时所学的知识有限，所以在选用面粉时，没有注意与可颂面包的口感和特性对应，所以做出来的面包外观会缩、口感过 Q。选错了武器，注定是怎么都打不赢的仗。

我不后悔自己那段“傻傻爱”的岁月，就算是错，它也是个“美丽的错误”，如果不曾经历这么一段，往后的我不会体悟，寻得一个对的方法有多么珍贵；而夜复一夜的压面、裹油，也磨炼了我的技法，让它更加纯熟。没有什么努力会是全然的徒劳，我如此深信。

我很喜欢一句话：失败是智慧的累积，“一千次失败，能有一次成功就足够了。”那段日子让我对“挫折”的容忍度大增，体认到失败是正常的历程，尔后我在创作和学习的过程中，仍然遇到无数的失败，再不会因此而感到沮丧或绝望。

几年后，我终于追求到了心目中理想的可颂面包。日本面包师傅野上智宽及加藤一秀师傅的指导，我对面粉专业知识的精进，以及不断累积奠下的基础，这些终于让我敲开了最后一扇门，抵达成功。

我还记得那一天的心情，做出第一个我心目中百分之百的可颂面包时，心头像被一阵轻风吹拂、豁然开朗，“原来追寻了那么久的东西，只是一个观念而已。”

在面团里融入个人情感

虽然花了那么长的时间，付出了五年的青春，但这一课让我学习到的，不仅仅是如何做出美味的可颂面包，还让我明白了：要做出好吃的面包，单单只靠技术是不足够的，还要了解食材的物理性和酵母的化学变化，才能达到随心所欲的境界。

出这本书的初衷，就是想把自己过去数十年来在面包学习之路上从挫折、失败中累积得来的知识释放，告诉大家。这些我以经验累积出来的做面包的最基本概念，如果有什么人能够因此而减少一些些摸索的时光，我便心满意足。

我并不害怕把所知道的一切公之于世，就会失去自己的优势。因为做面包虽然不能缺乏知识和技术，但光是如此仍是不足，它还含有情感的部分，就算把知识和技术公开，我依然保有我的风格、特色，因为那面团里融入属于我个人独一无二的情感，要从老面和产品中变出什么花样，都在我的手掌之中。而你，也和我一样。

可颂面包面团

环 境

搅拌、发酵、分割室内温度 26~28℃
裹油、压面室内温度 15℃以下

材 料

材料	重量	比例
鸟越铁塔面粉 成分：加拿大一级春麦、九州小麦、美麦 蛋白质：11.9% 灰分：0.44%	800 克	80%
无盐黄油	30 克	3%
砂糖	80 克	8%
盐	17 克	1.7%
鲜奶	250 克	25%
鲜酵母	40 克	4%
麦芽精	3 克	0.3%
水	120 克	12%
法国面包面团 （做法见第 32 页，并经过 5℃冷藏 12 小时）	342 克	34.2%

制 程

- 搅拌（完成时面团温度为 23℃）。
- 第一次基本发酵 30 分钟。
- 分割。
- 以 5℃冷藏 12 小时。
- 裹油（加材料：无盐黄油 450 克）。
- 压面。
- 冷冻静置 60 分钟。

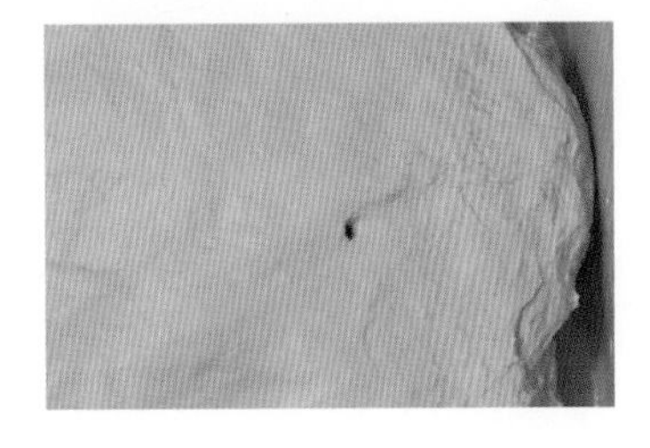

做 法

1. 搅拌

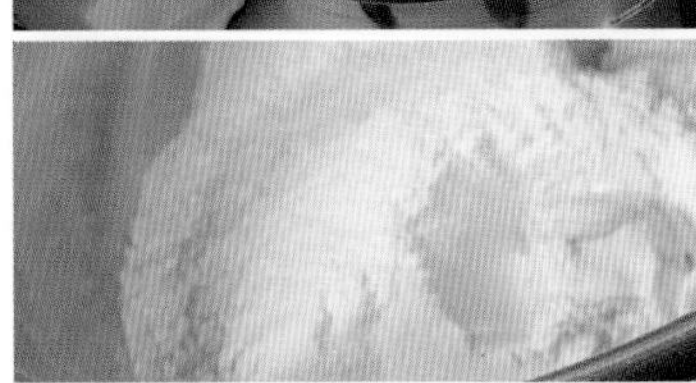

01 将面粉、30 克无盐黄油、砂糖、麦芽精倒入搅拌机，慢速搅拌 7 分钟，直至面粉和黄油完全融化。

02 倒入鲜奶及水，慢速搅拌 3 分钟，至面粉完全溶解没有颗粒。

03 将鲜酵母敲碎放入，再把法国面包面团一小块一小块地加入，拌匀。

04 暂停搅拌，让面团静置 15 分钟。加入盐，再慢速搅拌 2 分钟。面团温度应为 23℃。

做 法

2. 发酵

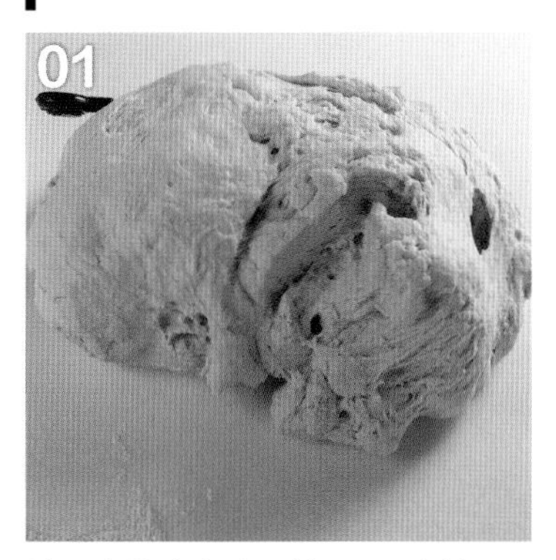

第一次基本发酵：静置 30 分钟。

编者注

① 丹麦压面机也叫起酥机。如果读者没有，可以用擀面棍手工擀压。

② 表示厚度，单位毫米。下同。

做 法

3. 分割

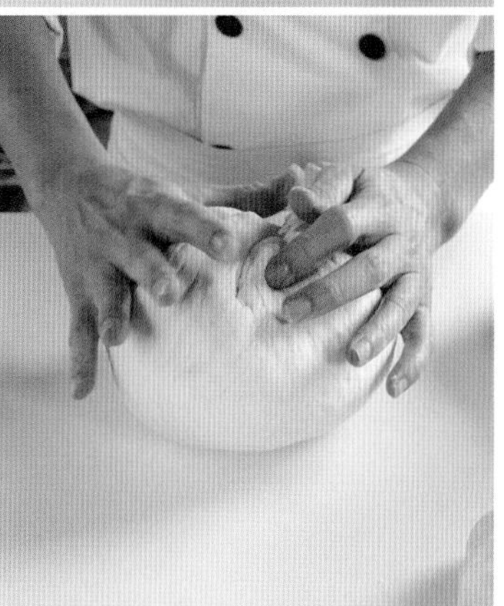

将面团取出，分割一块 1683 克的面团，揉成圆形。

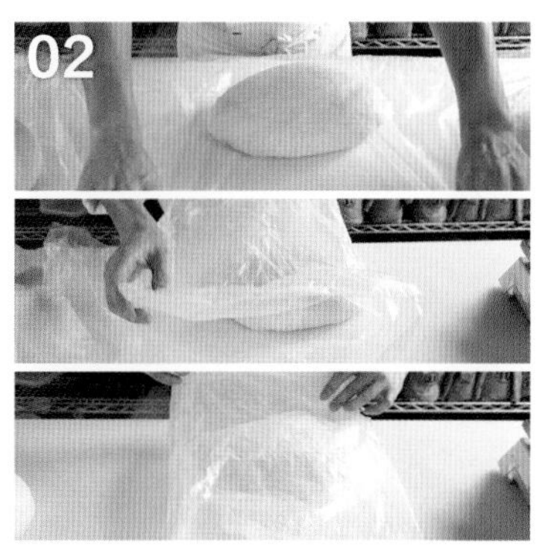

轻拍后以塑料袋包起，以免面团吹风，但切记要在袋内保存一点空间。面团置于 5℃冷藏库，低温发酵 12 个小时。

做 法

4. 裹油

加材料：无盐黄油 450 克

（室温改为 15℃以下）

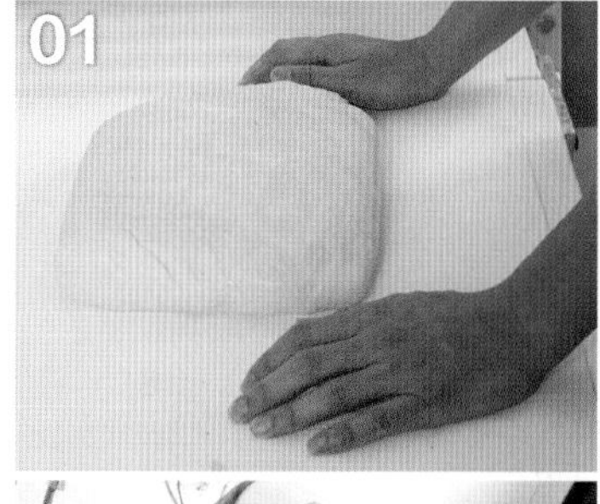

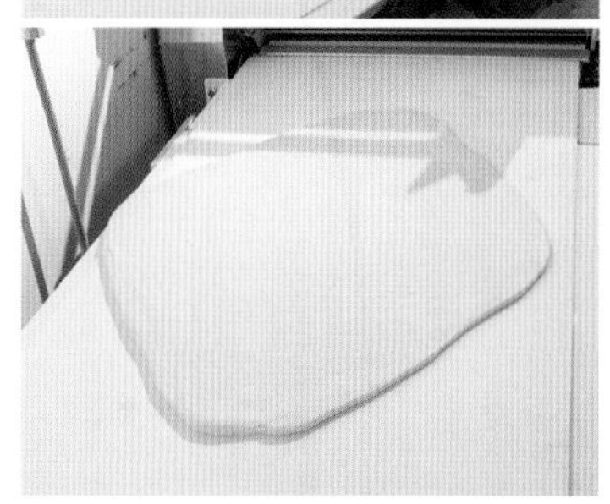

将丹麦压面机[1]刻度调至“5”[2]，送入面团压成 50 厘米 ×50 厘米的四方形面皮。

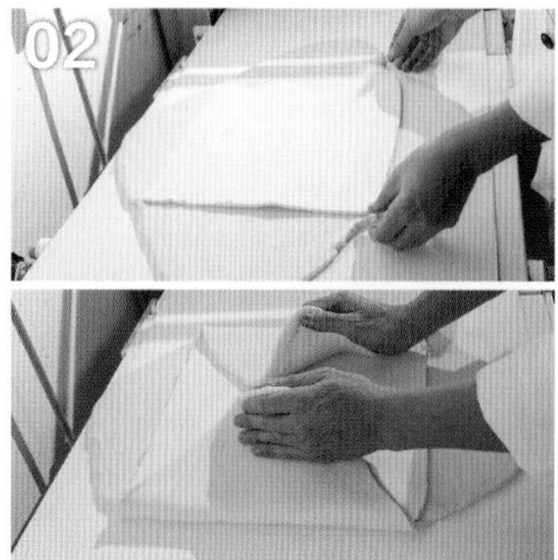

将面皮转成菱形，把 450 克无盐黄油铺在正中央，再将四侧面皮折起盖住黄油。

做 法

5. 压面

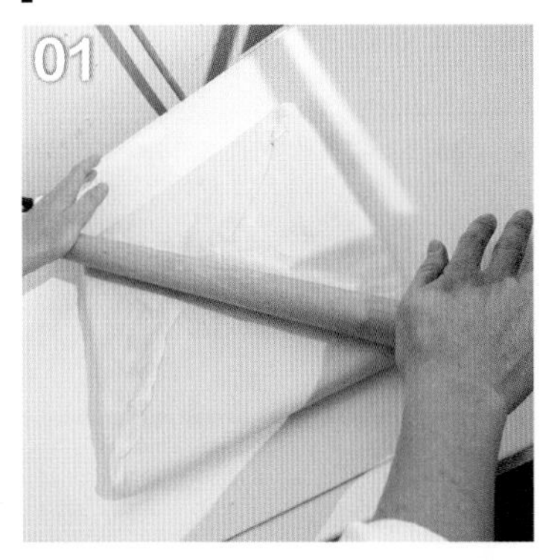

用擀面棍将折缝处压平，让面皮与黄油能够完全贴合。

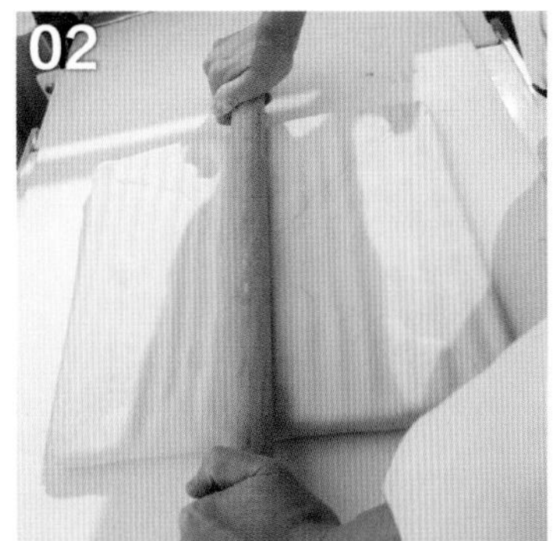

将裹油的面皮压平，把空气完全挤出，然后翻转至背面。

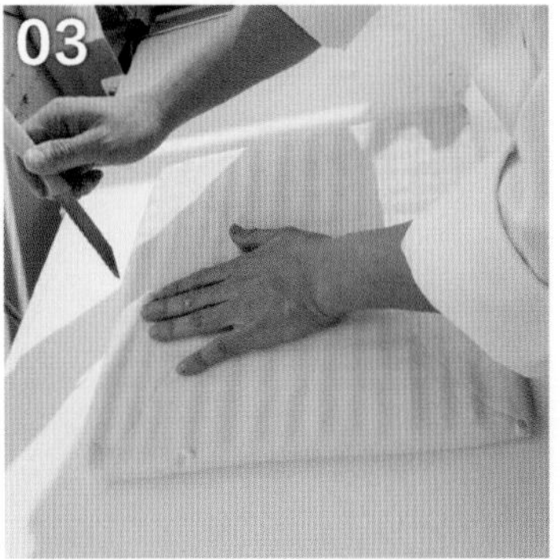

再擀平。若面皮里有气泡，可以小刀将空气挤出。

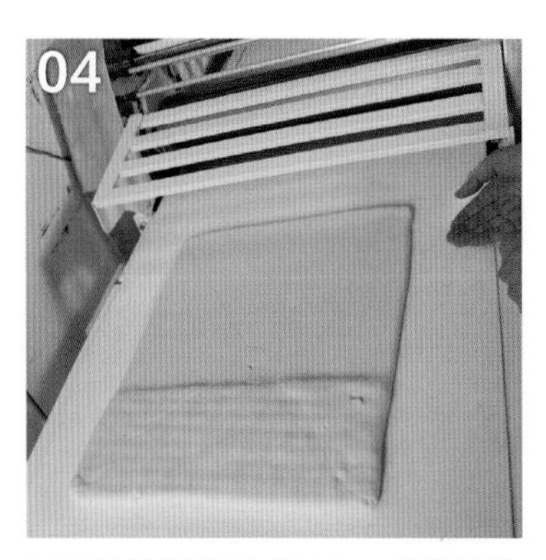

压面机刻度调至“11”，将面皮先送进一半压平，取出面皮后再全部擀压一次。

将压面机刻度调至“4”，把面皮送入压平。

将面皮由左向右折至2/3，再由右向左折1/3，两方不能折叠过头，之后再将面皮对折，务必完全对齐，并把空气挤出。

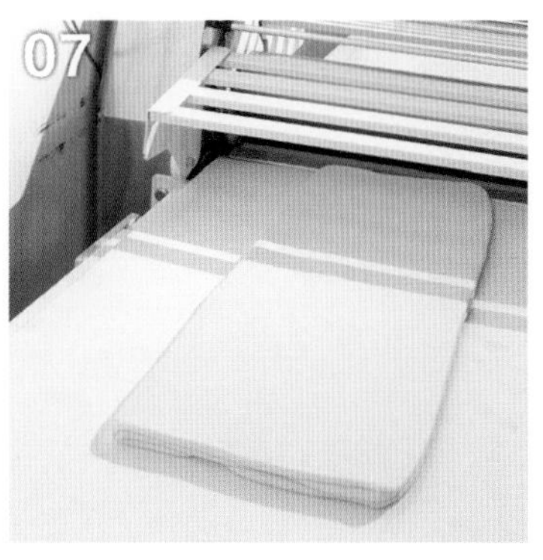

将压面机刻度调至“18”，再将面皮送入，压出后约24厘米宽。

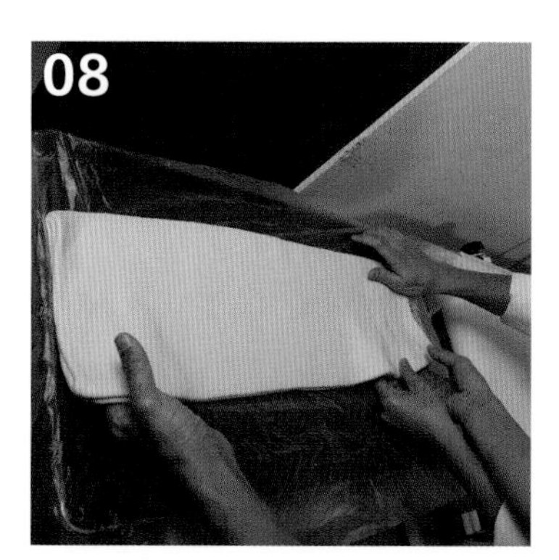

将面皮以 -18℃静置 60 分钟；再重复压面做法 05 ~ 07，再冷冻静置 60 分钟，可颂面皮即完成。

原味可颂面包

环 境

室内温度 15℃以下

每 颗 材 料

可颂面皮 ························ 50 克
（做法见第 92 页）

制 程

- 整形。
- 分割。
- 最后发酵 70 分钟。
- 烤焙。

做 法

1. 先整形后分割

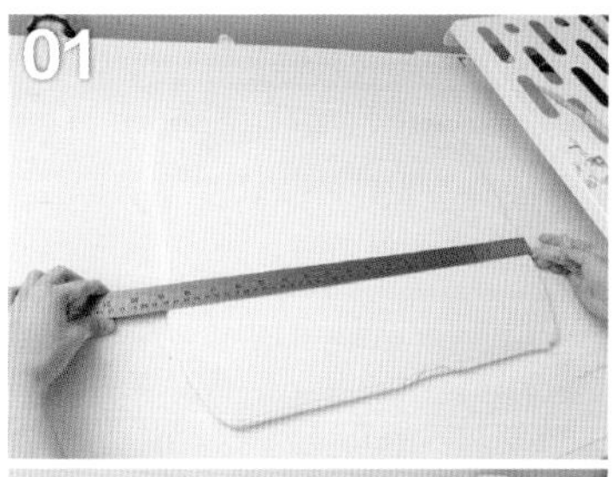

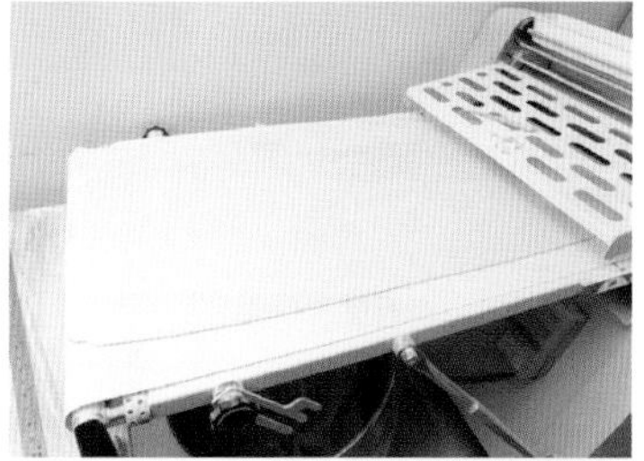
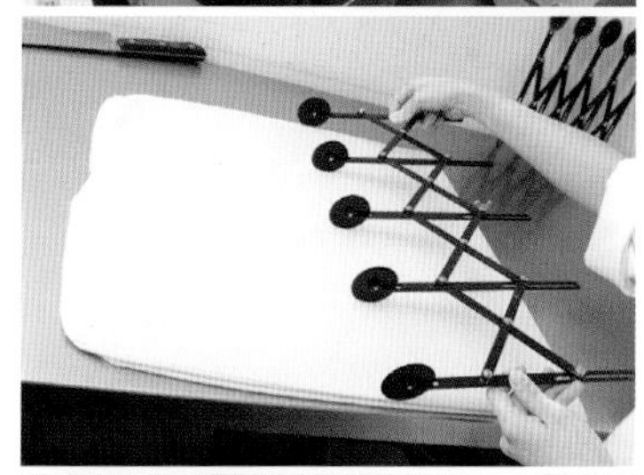

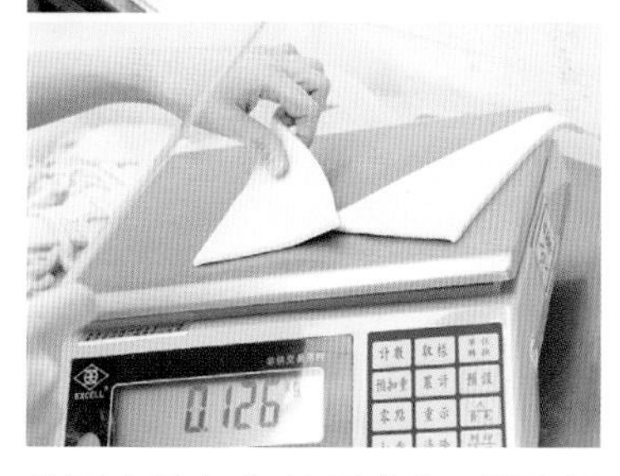

将面皮拼合成 48 厘米宽，再将压面机刻度调至“3”（压出厚度，毫米），送入面皮压平。而后用牛刀将面皮切成长 22 厘米、宽 10 厘米、重约 50 克的三角形状，约 32 个。

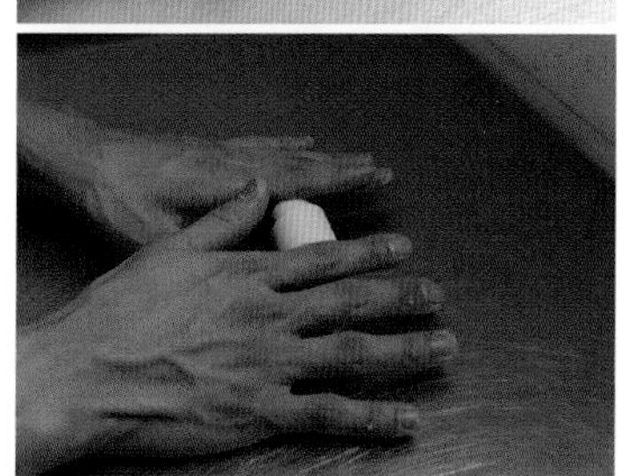
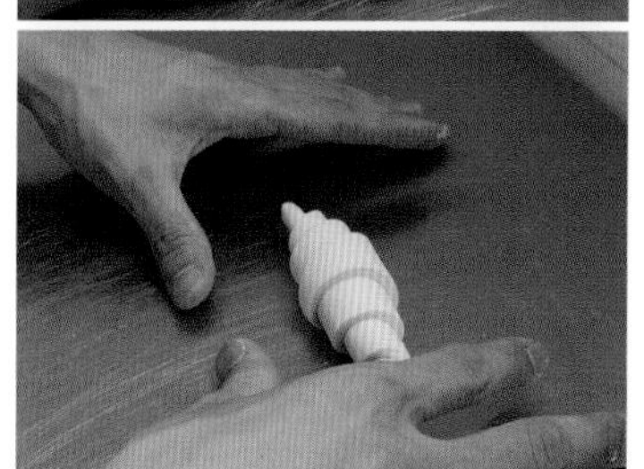
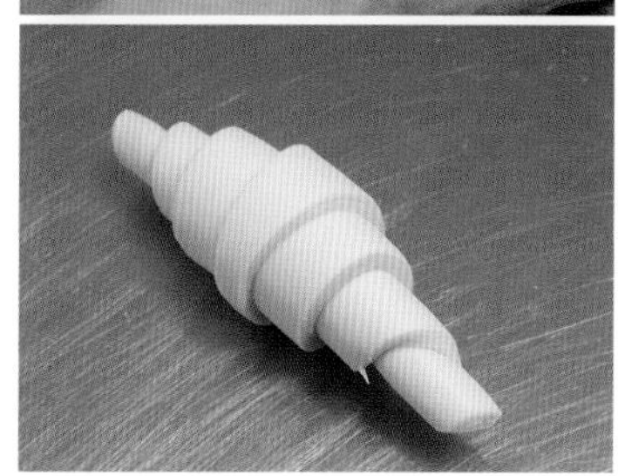

将三角形面皮底部中间划开 1 厘米，由内向外卷起，成牛角形。

做 法
2. 发酵

将整形完成的面皮在温度 28℃下进行 70 分钟最后发酵。

做 法
3. 烤焙

在进烤炉之前，先确认面皮表面没有湿气，然后涂上全蛋液，注意不要涂到边缘处，才能展现颜色的层次感。 以上火 240℃、下火 170℃烤 20 分钟。

饱含奶味却不油腻的原味可颂。

宝春师傅叮咛

从裹油到整形的制作程序在室温15℃以下的环境进行为佳。若室温高于15℃，黄油容易因高温融化，面团不易操作，既影响整形，又会破坏可颂的酥脆度。

杏仁可颂面包

环境

室内温度 26~28℃

每颗材料

原味可颂面包 …………………… 1 个
（做法见第 96 页）
杏仁泥 ………………………… 20 克
（做法见第 226 页）
克林姆馅 ……………………… 20 克
（做法见第 222 页）
杏仁片 ………………………… 3 克
糖粉 …………………………… 3 克

制程

- 填充馅料。
- 烤焙。
- 装饰。

做法

1. 加馅料

01

将原味可颂对半切，不要完全切断，保留 1/4。

向中间挤入克林姆馅。

外层挤上杏仁泥，再撒上杏仁片。

做法

2. 烤焙

送入烤箱时底部要加三块铁盘。以上火220℃，下火不开，烤14分钟。

烘焙完成后在表面洒上糖粉。外皮酥脆，内层柔软多层次的杏仁可颂面包即可上桌。

宝春师傅叮咛

因为可颂面包已烤焙过，送入烤箱时底部要加三块铁盘，以免过焦。

草莓可颂面包

环 境

整形时室内温度 15℃以下
此后室内温度 26~28℃

每 颗 材 料

可颂面皮 ························ 40 克
（做法见第 92 页）
新鲜草莓 ······················ 2~3 颗
杏仁泥 ·························· 20 克
（做法见第 226 页）
克林姆馅 ························ 20 克
（做法见第 222 页）
果胶 ······························ 1 克
新鲜香芹 ························ 1 朵

制 程

· 整形
· 最后发酵 70 分钟。
· 烤焙。
· 装饰。

做 法

1. 整形

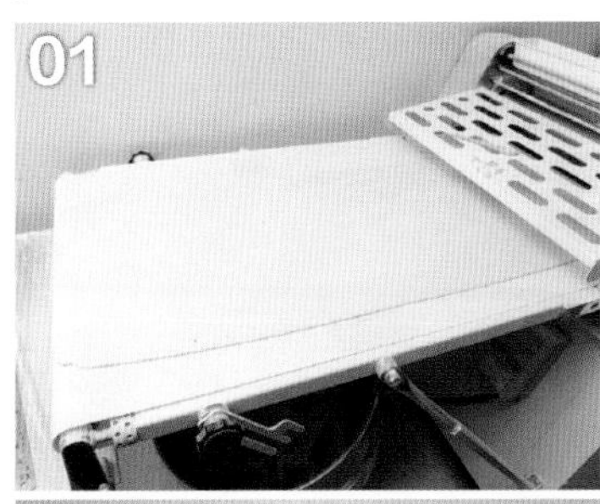

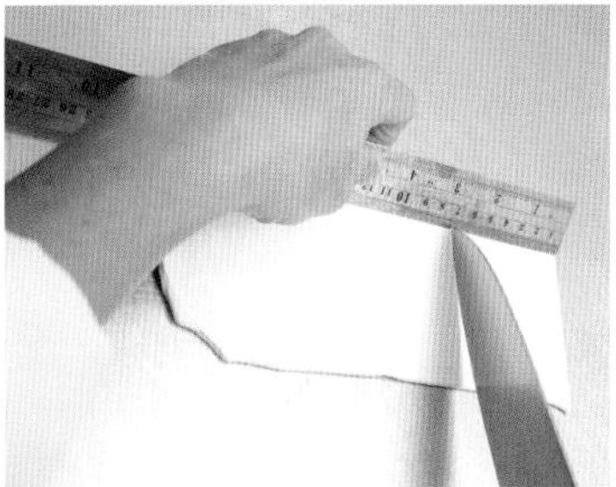

将压面机刻度调至“1.5”（压出厚度，毫米），送入面皮压平。而后分割出 10 厘米 ×4.25 厘米的长方形面皮，做为面包的底部。

切一块 10 厘米 ×1.75 厘米的长方形面皮，对折后中间划开一刀，再拉开，呈镂空状，作为边框。

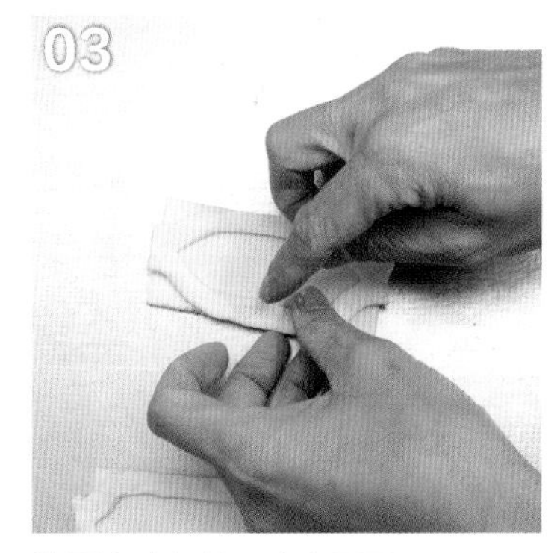

将面皮边框粘至底皮四周。

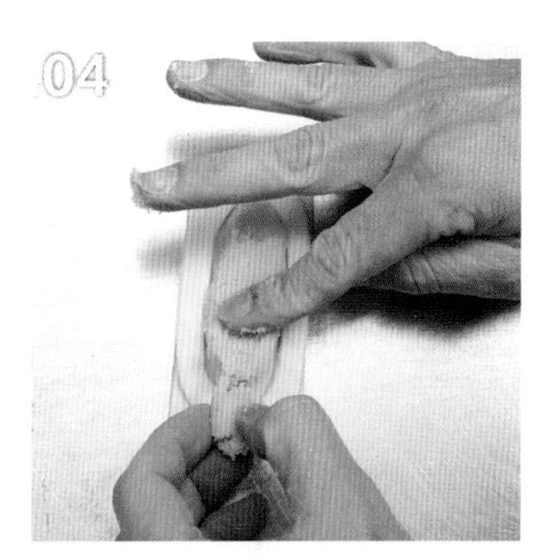

将 8 克杏仁泥均匀地涂入框内。

做 法

2. 发酵
（室内温度 26~28℃）

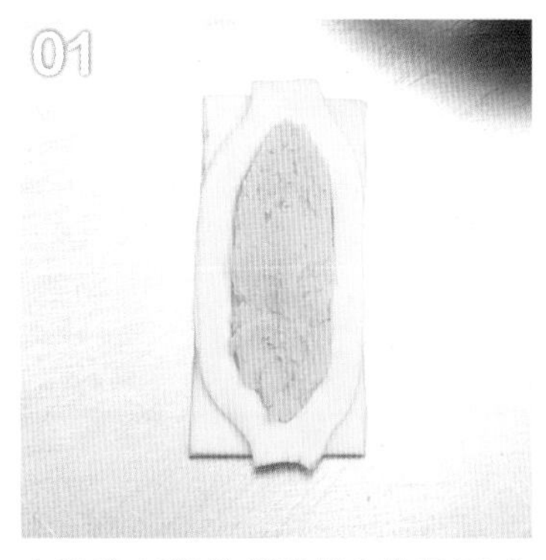

在温度 28℃的发酵箱中进行 70 分钟最后发酵。

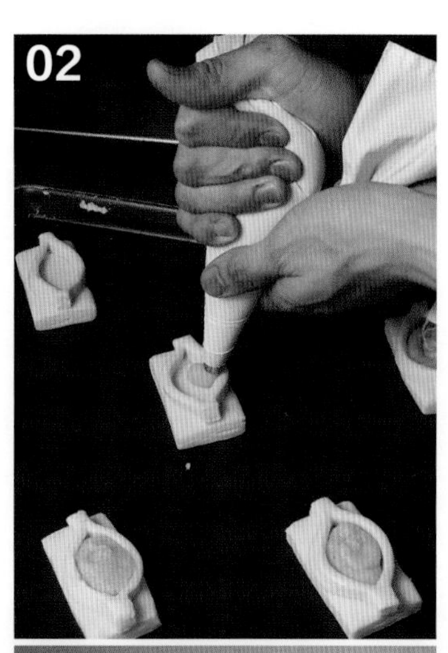

发酵后面皮明显增厚，再次填入 12 克杏仁泥。

做 法

3. 烤焙

最后发酵完成的面皮，在烤焙前于表面涂上全蛋液，以上火 240℃、下火 170℃烤 30 分钟。

02

烤焙完成取出后，以纸遮住中间杏仁泥，洒上糖粉，让糖粉只洒在四个边。

挤上 20 克克林姆馅。

将清洗过的草莓沥干，对切后摆上。

给草莓涂上果胶。

放上香芹点缀。

宝春师傅叮咛

1. 在做草莓可颂面包时，中间的杏仁泥要分两次填入：面团整形好后第一次填入杏仁泥涂平；面团发酵好、入炉前再挤第二次杏仁泥，因为面团发酵后膨胀得比较高，可以再补满馅料。如果在第一次就把所有馅料填入，会使面团变形。
2. 烘烤任何一款可颂面包，需要随时注意面包的着色程度。如着色太快，须适时调降炉火温度。

新鲜的草莓可颂面包。

德国香肠可颂面包

环 境

整形时室内温度 15℃以下

此后室内温度 26~28℃

每 颗 材 料

可颂面皮 …………………… 40 克

（做法见第 92 页）

德国香肠 ……………………… 1 条

芥末籽酱[①] …………………… 5 克

新鲜香芹 ……………………… 1 朵

制 程

- 整形
- 最后发酵 70 分钟。
- 烤焙。
- 装饰。

做 法

1. 整形

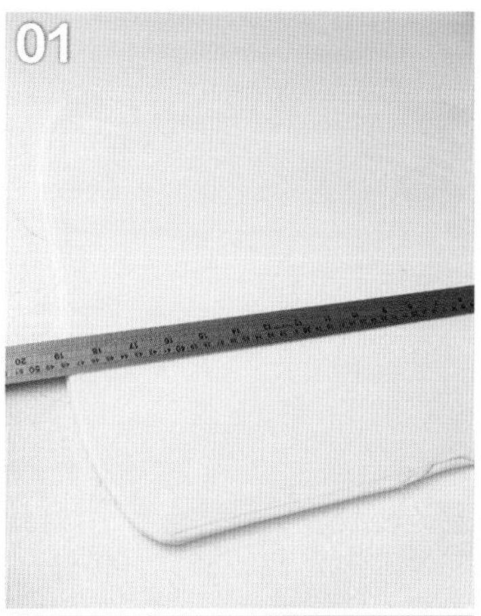

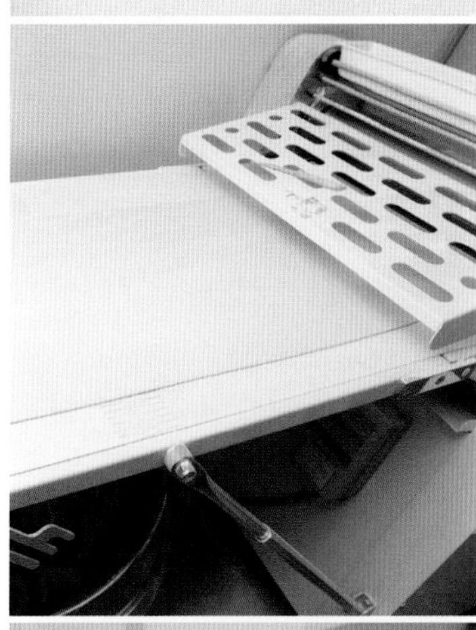

将压面机刻度调至“1.8”（压出厚度，毫米），送入面皮压平。而后以派饼模型压出直径 10 厘米的圆形面皮。

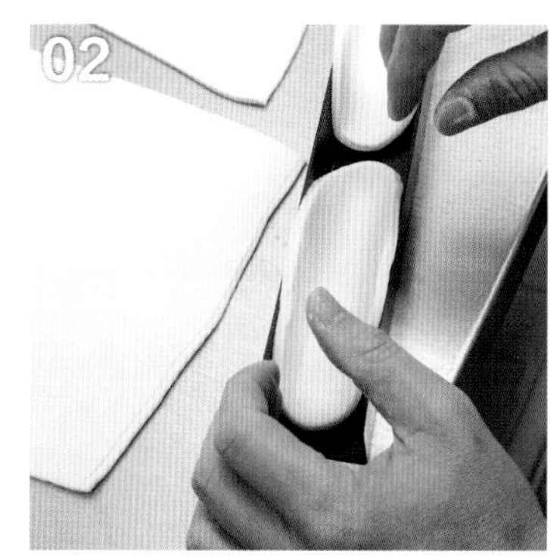

将圆形面皮放入宽、高为 4 厘米 × 4 厘米的方形模盒。

编者注

① 和平常很容易买到的绿色“芥末酱”材质不同。（常见“芥末酱”的材质说明见第 221 页编者注①）。

做 法

2. 发酵
（室内温度 26~28℃）

将德国香肠放在面皮中间。

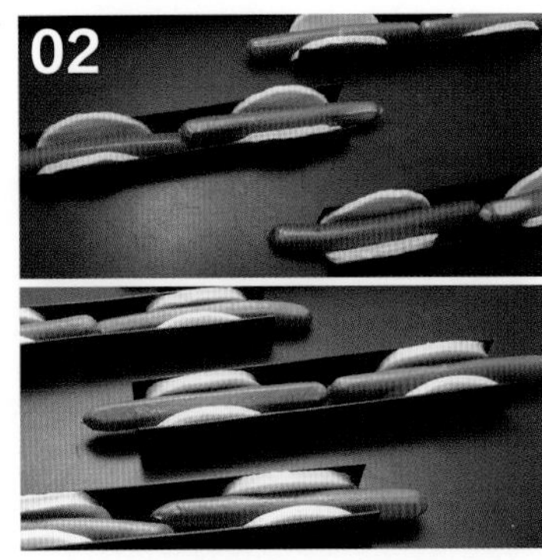

在温度 28℃的发酵箱中做最后发酵 70 分钟。（编者注：上图为发酵前，下图为发酵后。发酵后面团会膨胀，因此须提前放入香肠。）

做 法

3. 烤焙

在面皮表层涂上全蛋液。以上火 220℃、下火 180℃烤 20 分钟。

做 法

4. 装饰

在面包上层抹上少许芥末籽酱，再摆上香芹点缀即可上桌。

吐司

柔软、方便的吐司，是面包中最亲民的一款。它源自英国，也被称为“英式吐司”。英国文学家认为，吐司是工业革命下的产物，它能够送入工厂烤模的生产线，让面包从手工业时代跨入大量制造的时代。

早年，台湾称吐司为“俗麦方”，不仅因为它最便宜，而且最容易“废物利用”。一旦卖不完，隔天拿来包上火腿、奶酪、生菜，做成三明治；或是刷上黄油，做成烤吐司，一物三卖。

当时的吐司缺乏个性，面包工厂为了缩短时间成本，都使用短时间发酵的中种法，让吐司的口感单一，全都一味追求浓、醇、Q。

其实吐司非“俗物”，而是可塑性十足的面团，使用不同的制法，添入不同的食材，就能让它变成千面女郎，展现截然不同的风情。

不简单的吐司

教我吐司其实一点也不简单的，是日本国宝级的面包师傅平友治。我曾到东京求教于他，初次尝到他做出的吐司，如棉花般在口中溶化，是回香、白皙、清爽又有弹性的牛奶吐司。才知道平友治师傅使用“直接法”做这款吐司，让面团长时间发酵，再加入大量新鲜香醇的牛奶，这种方法做出的吐司，虽然工序简单，但香味比较轻柔、口感也比较绵密。

同时，他们所做的三明治在吐司夹着馅料时几乎不会分离，口感又比一般吐司更松软，一口咬下，面包完好地紧密包住内馅，咀嚼后馅料均匀混着面香。原来，三明治不是夹着料的吐司，而该是独立又完整的一款面包系。

打听后发现，在日本，不会用卖不完的剩吐司去做三明治，反而会特别针对三明治磨制专用的三明治面粉，甚至量身计算出最合适的模具容积比。

一般吐司面粉中吐司粉占80%，法国专用粉占20%，其中法国专用粉的蛋白质比例为11%；但日本选用做为三明治专用粉的吐司料，蛋白质比例较高，为12%，灰分则为0.3%，因为蛋白质比例稍高，才能让面团较为细致。

另外，他们为了做三明治而烤焙的吐司，放入吐司模具中的面团容积比也比一般吐司面包的低，如此烤出来的吐司较为轻、松、软，才能更紧密地包覆住馅料。每一口让人感动的滋味，都来自严谨且科学的态度。

所以，吐司怎会是“俗麦方”，它“高竿”得不得了。我做了二十多年的面包，才认识真正的它，开始学习重新面对。回台湾后的我很挣扎，要把过去数十年的惯性推翻，让手中的吐司呈现新气象，结果足足花了二三年的时间，我才融会贯通、调整心态和技术，把新的观念和旧的技法结合，针对不同的吐司使用不同的制法，呈现出不同的风貌。像鲜奶吐司使用了中种法，黑糖吐司则用加了熟面的汤种，一个轻软，一个 Q 弹，让客人依自己偏好，带回最合意的吐司。

光是一味地抄袭，很难青出于蓝。学做面包一方面要摒除成见、开阔胸襟，见到值得学习的不能视而不见；但要吸取别人的优点，将之化为自己的资产，最终还是要融入自己的情感和想法，我始终坚持这个原则。

从成长记忆取材的甜蜜“纪念款”

黑糖吐司，也是从我成长记忆中取材的“纪念款”面包。

我对黑糖有特殊情感的联结，它既是我童年唯一的“甜蜜”记忆，也是我对母亲辛劳的永恒感念。

母亲长期耕作劳动养活我们一家，台湾尾的夏天如火炉，在果园里忙农事就像感受穿心火，不喝点清凉退火的饮品，根本撑不住。黑糖就是一味退火的良品，渗入青草里，让母亲可以忍住火烧的烈日，和园里的凤梨一起奋斗。

在我那个贫穷又匮乏的童年，吃不起一般孩子们都爱的糖果，但家里总会备有同样含起来甜滋滋的黑糖，这是我唯一能尝到“甜头”的机会。我常去偷吃厨房里的黑糖，万一被妈妈发现了，就说：“天气太热，快中暑了。”就能免去一顿骂。

母亲忙工作，总会煮上一大锅白粥，早餐吃不完，还能放着当点心。一锅无味无料的白粥，只要加入黑糖，瞬间就变成红彤彤、甜滋滋的点心，仿佛人生也从黑白变成彩色，让我足以抵挡家乡的酷暑和家中的赤贫。

随着岁月流转，心中仍惦记童年中的甘甜滋味。“我一定要做出一款黑糖面包，纪念苦中微甜的童年”，这个心愿一直搁在心里，不曾忘怀。

研发新的吐司面包时，我立即就想到存放在记忆和承诺里的黑糖。“我想做出一款像麻糬一样内心 Q 弹、一口咬下黑糖还能汩汩溶出的吐司。”我对自己说。

结果光是寻找可以溶化得恰恰好的黑糖，就煞费苦心。黑糖颗粒太大，包入面团里送入烤焙后，会熔不掉，一口咬下，如嚼食一颗颗方糖；颗粒太小，面团烤久糖会如熔岩爆浆；熔得过度，也会破坏黑糖的味道；但若烤的时间不足，面心不熟，根本无法入口。

我寻觅了许久，找到一家位于台南南化山区的手工黑糖，用龙眼木柴烧、熬制，再切出最合适的大小，我把这款黑糖颗粒包在吐司面团里，终于做出如同麻糬般软 Q，一口咬下，又能让黑糖恰如其分溶入口中的黑糖吐司。

啊，我童年的甜蜜滋味和我习得的吐司新技，都融合在这款黑糖吐司里。

早餐吐司

环 境

室内温度 26~28℃

材 料

鸟越纯芯面粉	1000 克	100%
成分：加拿大一级春麦、美麦 蛋白质：11.9%　灰分：0.37%		
砂糖	60 克	6%
盐	20 克	2%
水	690 克	69%
无糖酸奶	30 克	3%
脱脂奶粉	30 克	3%
鲜酵母	25 克	2.5%
无盐黄油	60 克	6%

每 颗 备 料

大面团 …………………… 50 克
小面团 …………………… 20 克
台湾 9 号毛豆 ……………… 25 克
（注：可用毛豆仁替代）
无盐黄油 …………………… 5 克
黑胡椒粒 …………………… 适量

制 程

- 搅拌（完成时面团温度为 26℃）。
- 第一次基本发酵 60 分钟。
- 进行分割。
- 中间发酵 15 分钟。
- 整形。
- 最后发酵 60 分钟。
- 烤焙。

做 法

1. 搅拌

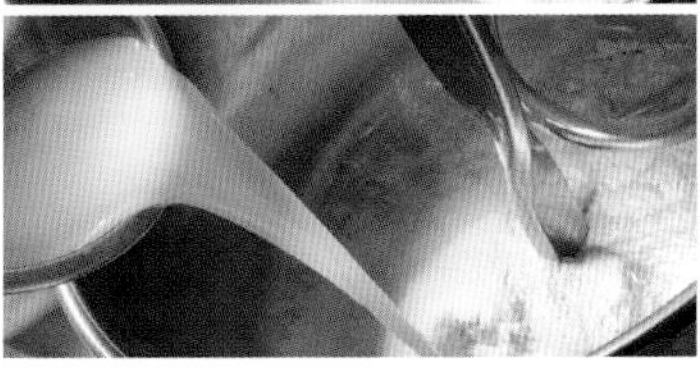

先将面粉、砂糖、盐、脱脂奶粉倒入搅拌机中，再将无糖酸奶与水混合后倒入搅拌机，慢速搅拌3分钟。

慢速搅拌至第 2 分钟时，加入鲜酵母。

前述慢速搅拌 3 分钟完成后加入无盐黄油，再慢速搅拌 1 分钟后，快速搅拌 5 秒钟。

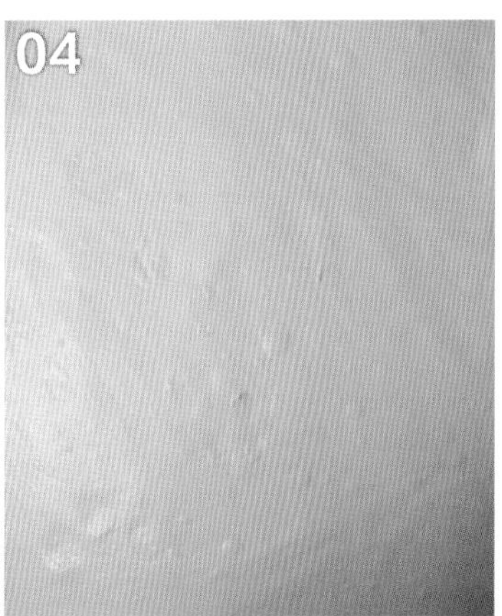

面团成形，测量温度确认为 26℃，进行 60 分钟第一次基本发酵。

做 法

2. 分割

将吐司面团分割出 20 克、50 克的一小一大的面团。

做 法

3. 滚圆

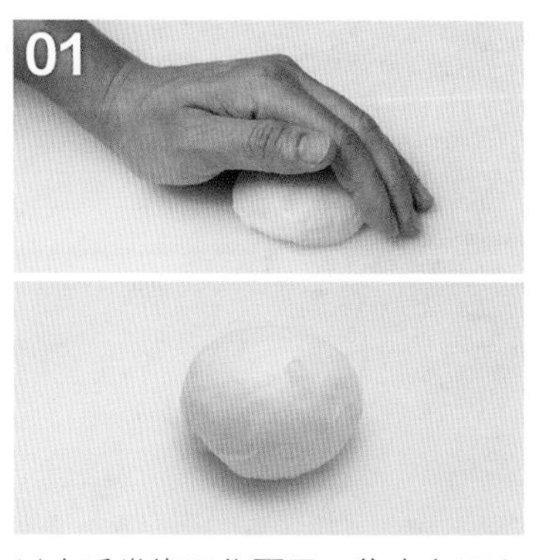

以右手掌缘压住面团，往右向同心圆方向滚成一个圆形（大小面团皆同此做法）。

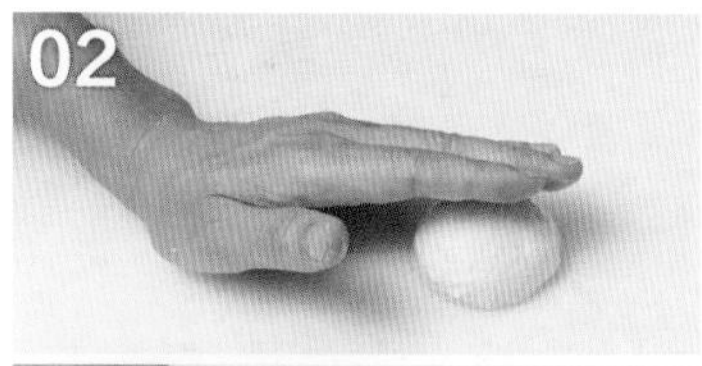

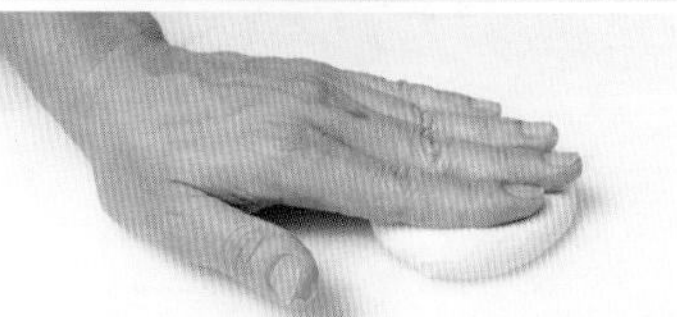

将大块面团压平，轻拍出空气，揉成巴掌大的圆形。

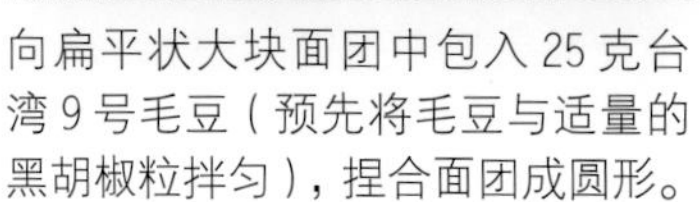

向扁平状大块面团中包入 25 克台湾 9 号毛豆（预先将毛豆与适量的黑胡椒粒拌匀），捏合面团成圆形。

做 法

4. 整形

将圆形面团进行 15 分钟中间发酵。

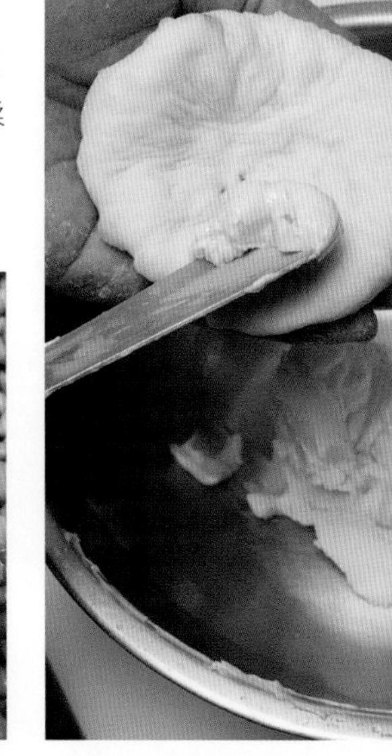

再将面团擀平，中间包 5 克无盐黄油。

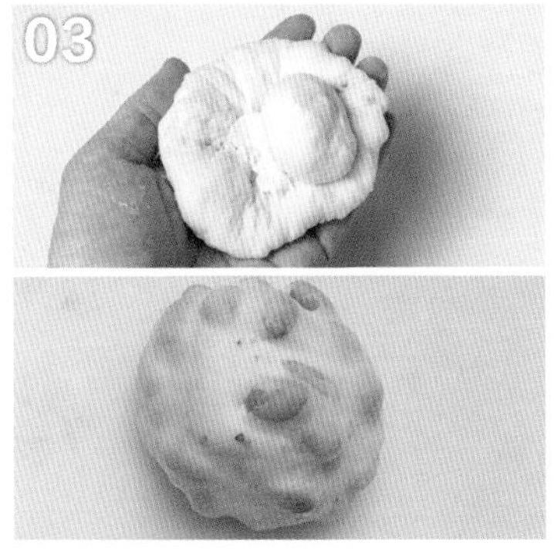

将小面团包入大面团中。

给面团沾上些微面粉。

放上烤盘，再放入温度 38℃、湿度 80% 的发酵箱中，进行 60 分钟最后发酵。

做 法

5. 烤焙

将面团送入烤箱，以上火 200℃、下火 210℃烤 12 分钟。

毛豆与面团的交响曲出炉了！

奶油埃及面包

环 境

室内温度 26~28℃

材 料

鸟越纯芯面粉	1000 克	100%
成分：加拿大一级春麦、美麦 蛋白质：11.9% 灰分：0.37%		
砂糖	60 克	6%
盐	20 克	2%
水	690 克	69%
无糖酸奶	30 克	3%
脱脂奶粉	30 克	3%
鲜酵母	25 克	2.5%
无盐黄油	60 克	6%

每 颗 备 料

面团	100 克
砂糖	5 克
无盐黄油	20 克

制 程

- 搅拌（完成时面团温度为 26℃）。
- 第一次基本发酵 60 分钟。
- 进行分割。
- 中间发酵 15 分钟。
- 整形。
- 最后发酵 60 分钟。
- 烤焙。

做 法

1. 搅拌

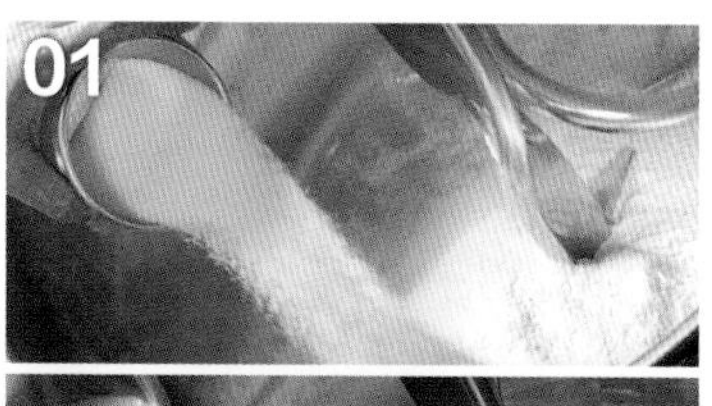
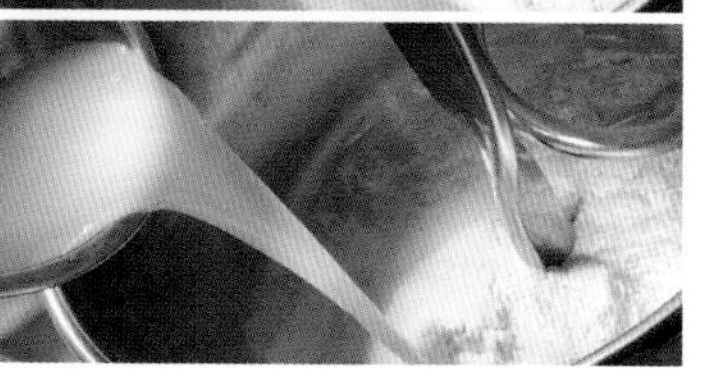

01 先将面粉、砂糖、盐、脱脂奶粉倒入搅拌机中，再将无糖酸奶与水混合后倒入搅拌机，慢速搅拌3分钟。

02 慢速搅拌至第 2 分钟时，加入鲜酵母。

03 前述慢搅 3 分钟完成后加入无盐黄油，再慢速搅拌 1 分钟后，快速搅拌 5 秒钟。

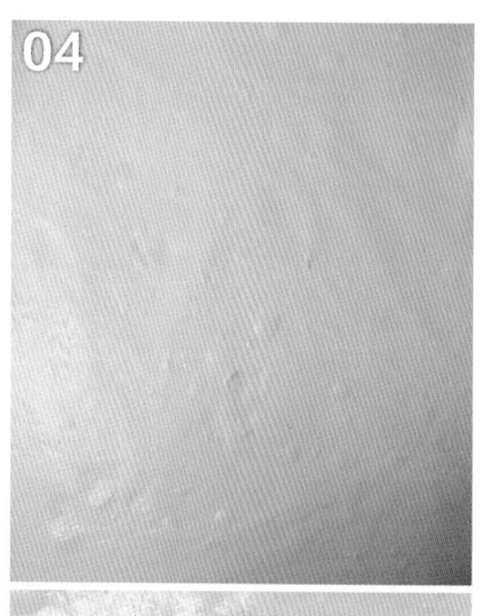

04 面团成形，测量温度确认为 26℃，进行 60 分钟第一次基本发酵。

做 法

2. 分割

将面团分割成每块 100 克。

做 法

3. 滚圆

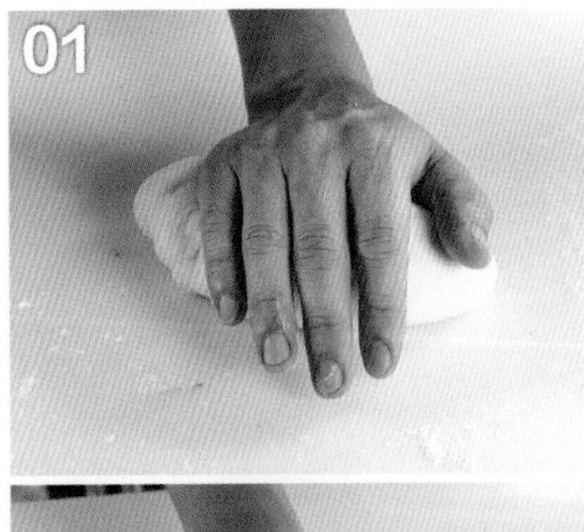

以右手掌缘压住面团，往右向同心圆方向滚成一个圆形。

将圆形面团进行 15 分钟中间发酵。

做 法

4. 整形

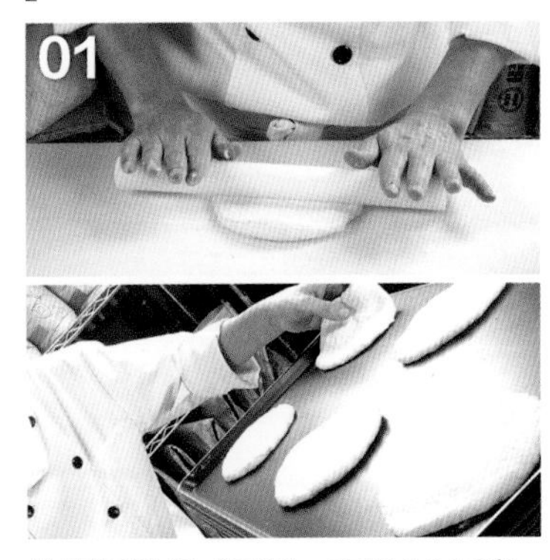

将面团擀平成圆形，直径 12 厘米。

在表层涂抹 20 克无盐黄油。

放入温度 28℃、湿度 80% 的发酵箱中，进行 60 分钟最后发酵。

做 法

5. 烤焙

在面团上洒约 5 克的砂糖。

以手指在面团上戳出 6 个洞。

将面团送入烤箱，以上火 240℃、下火 195℃烤 12 分钟。

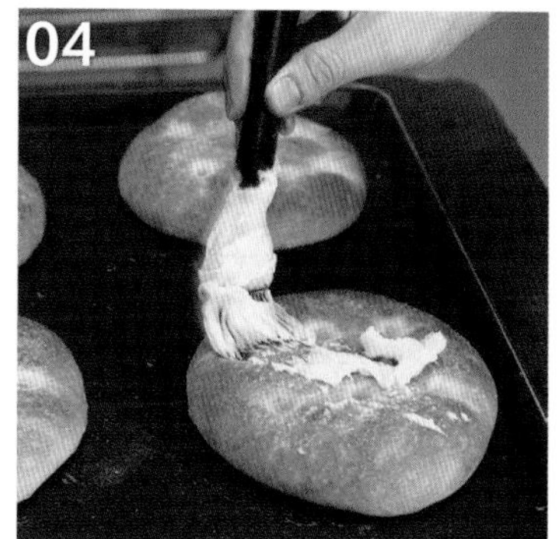

出炉后再轻轻刷上一层无盐黄油。

香气浓郁、金黄色的奶油埃及面包。

黑糖吐司

编者注

“黑糖”在中国大陆也称为“红糖”。

环境

室内温度 26~28℃

材料

材料	用量	比例
黄骆驼高筋面粉 蛋白质：12.6%~13.9% 湿筋度：35%~38.5%	800 克	80%
盐	15 克	1.5%
脱脂奶粉	20 克	2%
冰水	320 克	32%
水	200 克	20%
黑糖（注：粉末状） （投入 200 克滚水中，溶化冷却备用。）	150 克	15%
鲜酵母	30 克	3%
鲁邦种老面 （做法见第 214 页）	100 克	10%
烫面 （做法见第 206 页）	200 克	20%
无盐黄油	120 克	12%

每颗备料

面团 ………………………… 130 克

手工黑糖（注：块状）…… 20 克

制程

- 搅拌（完成时面团温度为 26℃）。
- 第一次基本发酵 60 分钟。
- 进行分割。
- 中间发酵 30 分钟。
- 整形。
- 最后发酵 60 分钟。
- 烤焙。

做法

1. 搅拌

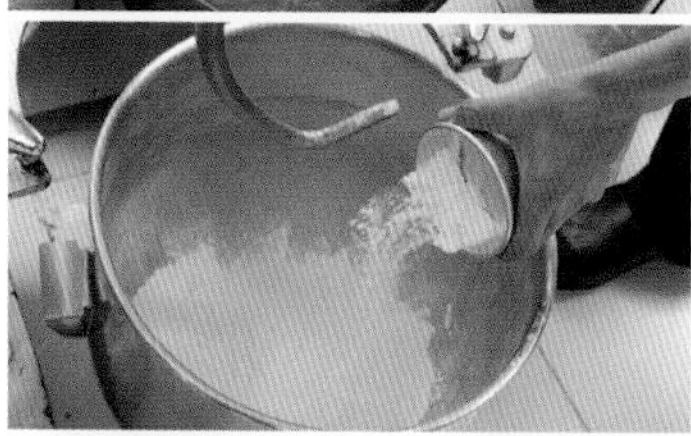
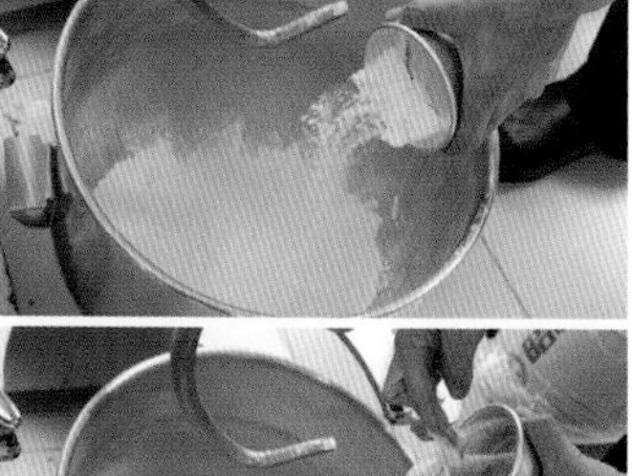

将高筋面粉、脱脂奶粉、盐、鲁邦种老面、烫面倒入搅拌机。

将黑糖水与水混合后倒入搅拌机。

慢速搅拌 1 分钟后加入鲜酵母，再慢速搅拌 3 分钟。

加入无盐黄油后，慢速搅拌 1 分钟再中速搅拌 4 分钟。

面团成形，测量温度确认为 26℃，进行 60 分钟的第一次基本发酵。

做 法

2. 分割

将面团分割成每块 130 克，一条黑糖吐司需用到 3 块面团。

做 法

3. 滚圆

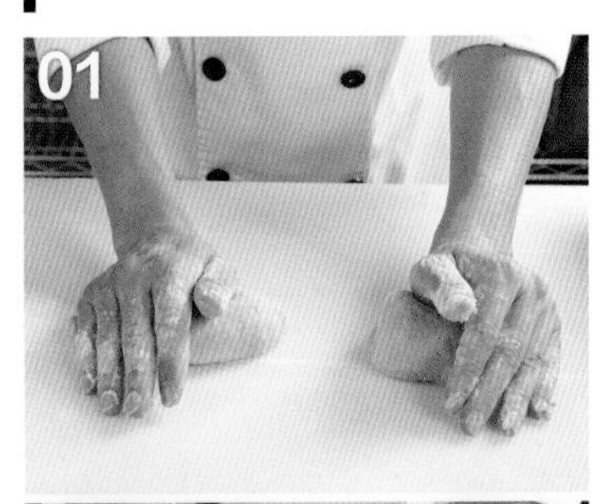

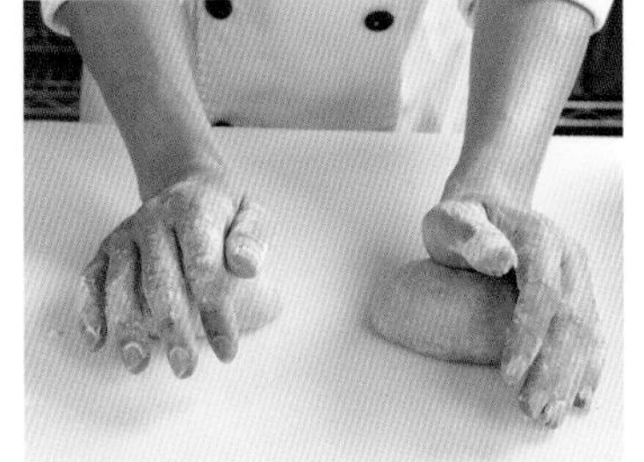

以右手掌缘压住面团，往右向同心圆方向滚成一个圆形。

将圆形面团进行 30 分钟中间发酵。

做 法

4. 整形

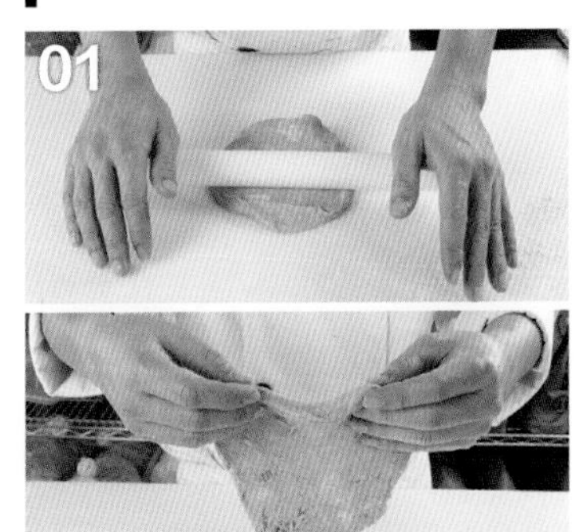

将每块 130 克的面团轻压擀平，然后将 20 克手工黑糖平均分布在上面。

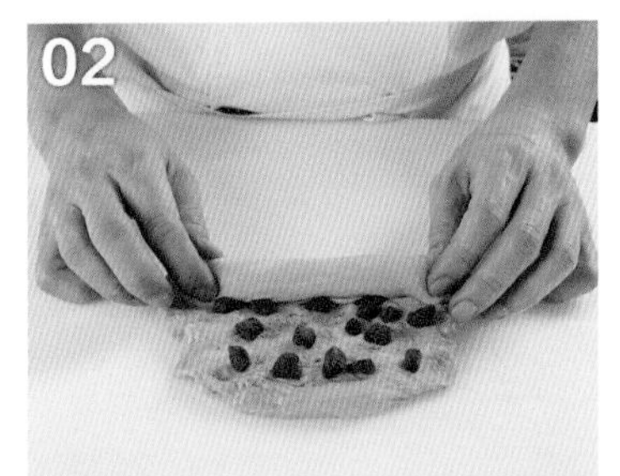

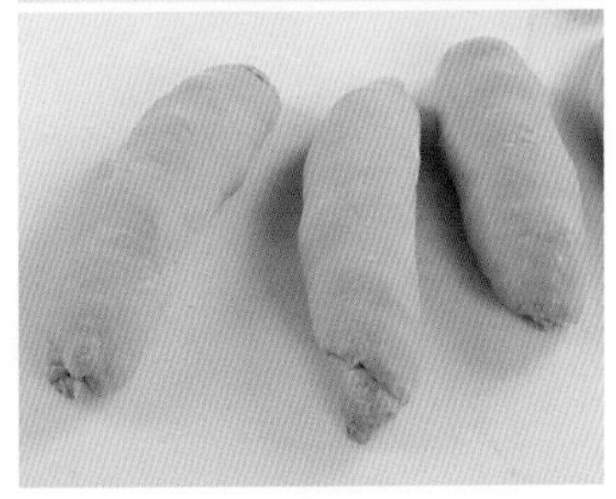

将面团由下往上卷起，收口封紧，搓揉成长条状。

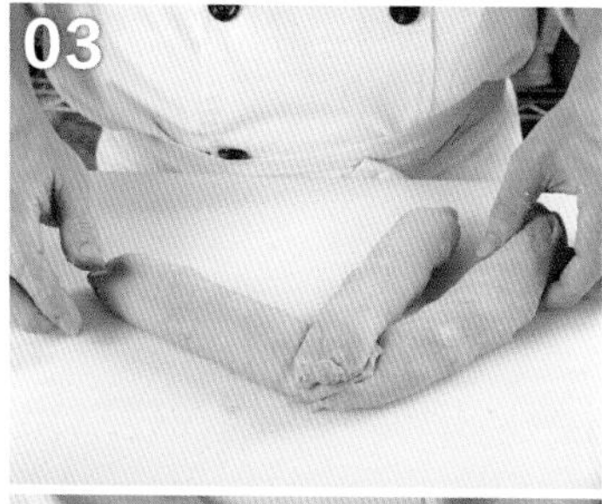

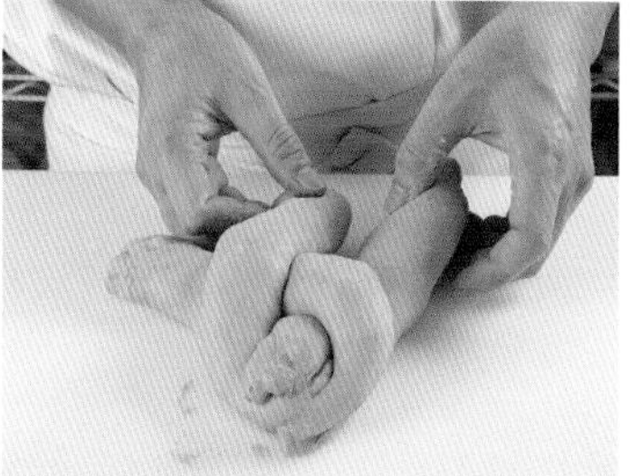

将 3 条面团卷成麻花辫状，放入吐司模（型号为三能 SN2082①）中。

放入温度 38℃、湿度 80% 的发酵箱中，进行最后发酵 60 分钟。

做 法

5. 烤焙

面团入炉前，表面先涂上全蛋液。

以上火 160℃、下火 270℃烤 35 分钟。

甜而不腻的黑糖吐司，深受许多人喜爱。

宝春师傅叮咛

要做出又松又软、又香又 Q 的汤种吐司面团，秘诀就在对面团搅拌程度的拿捏，要搅拌到面筋完全扩展开来。不要吝于用自己的双手去拉扯确认，面团能像口香糖一样又长又有弹性，才是合格的吐司面团。

编者注

① 本模型尺寸为：上面长 217 毫米，上面宽 94 毫米，高 77 毫米，下面长 211 毫米，下面宽 88 毫米。

台式甜面包

面包，就像是饮食的国际语言，由小麦、盐、酵母等字母组合出的话语，让不同的族群都能述说着共通的味觉经验；却又能落土生枝，在不同地区发展出具地方特色的经典款式，好比是反映各自风土文化和民族性格的“方言”。

提到法国，当然就会想到长棍面包，外形简洁有个性，口感单纯，和所有食物都能搭配，掩不住那股布尔乔亚的优雅和浪漫；意大利的联结就是缤纷喜悦的水果面包，每一口都像是过节般热闹的味道，充分流露拉丁民族活在当下的乐观天性；将欧式面包发扬光大的日本，最具代表性的则是绵密细致的红豆面包，从挑选面粉到内馅制作，每个环节都反映着这个处女座民族的工整内敛。

创造葱面包不可思议的味道

很多人以为，菠萝面包是台湾本土面包的代表，但我认为，葱面包才是最“台味”十足的面包。

青葱耐干旱、生长力强，几乎四季都是产期，正像台湾人民坚韧的草根性。它是家家户户每天盘中菜肴都不能缺席的一味，青翠鲜绿的葱花一洒，每道菜才像画龙点睛般释放出鲜味。葱，同时融入了台湾农产品、饮食文化，甚至社会的特色。

在松软的台式甜面包上，洒上又脆又香的青葱，甜中带咸、咸里透甜，创造出台式甜面包的新味道，甜点正餐两相宜，可说是早年台湾面包师傅最佳的创意，让台式面包在世界面包界也竖立起一面旗帜。

我当面包学徒时，虽然也爱吃葱面包，但当时没有足够的知识和体悟，不知保留食材原味才可贵，总在葱面包上涂裹厚厚的猪油，让它油油亮亮、闪闪动人地见客。

可是每天打烊后洗烤盘，盘上总结上一层白白的猪油冻，这恐怖不堪的一面，只有做面包和洗烤盘的我们知道。吃葱面包简直如同吃猪油，一直是我心里的阴影，自己做的面包，居然连自己都害怕。

这些年累积了对于食材更多的认知，才明白，愈能保存食物的原味才愈是真正的美味，不能浪费台湾葱面包的杰出创意。在我的店里，格外重视葱面包的呈现和制作，因为葱采收太久便会流失水分，失去清脆的口感，所以好吃的葱面包一定要用每天现采的青葱，现切现洒。

要凸显葱的新鲜味，调理只要简单、清爽即可，厚重腻口的猪油，当然不适用；现在我以橄榄油再加点盐和白胡椒，和现切的青葱拌一拌，就能让葱味跳出，不被油味掩盖。

我的面包店开幕当天，请来了日本鸟越制粉株式会社的部长，也是我参加世界面包大赛时指导我的老师加藤一秀师傅，他吃了一块葱面包后，大为惊艳，直呼“不可思议的味道”，还说要带回日本去推广、研发。这对我来说是非常骄傲的，因为我推销的不仅是自己的面包店，还有“台式面包”。

不过，要做出好吃的台式甜面包，除了搭配的食材不能马虎，可以发挥无限创意和想法外，最基本的是，面包本身要先能做得既柔软又绵密。这并不容易，我至少花了五六年，才征服了台式甜面包的面团。

“为什么做不出像日式甜面包一样的口感？”我到处上课，希望找到答案。

有一回，在厂商推广食材的讲习会上，请来美国和法国的讲师，我抓住机会请教：“台湾人偏好较软的面包，如何能做又软又有风味的面包？”但欧美面包主流还是偏硬的欧式面包，老师们无法具体回答，只说做面包的道理一样，都在掌握酵母菌，也就是老面的变化。

之后，我到日本进修，发现日本人很早接触欧式面包，把概念融入日式面包，对老面掌控已随心所欲，用老面来取代改良剂，让面团自然发酵，不但能有丰富的风味，也能延迟面包老化，不会一放就干掉。

当时我任职于台中一家面包店，为了做出理想中的台式甜面包风味，自费出国学习，发现过去失败的症结在于环境和老面的培养技术，因为面团要放在28℃的恒温发酵箱里发酵，才能控制在最稳定的状态。于是我向公司争取采购一台十几万新台币的冻藏发酵箱。

老板一开始无法认同，觉得店里的生意并不差，“就算在三流的环境设备里，也能做出一流的面包，才厉害。”为何还要添购设备？

为了说服老板，我每天下班后把面团拿到有冷气设备的门市去发酵，因为面包工厂很热，通常温度会高达三十几度，发酵温度根本无法控制在28℃。我把在恒温发酵下做出的面包拿给老板吃，让面包自己说话；经过快一年的努力，老板终于认同，好的面包一定要有好的环境设备才能酝酿出来，于是答应增添设备，让我们做出的台式甜面包，也追上日本的水准。

严谨的工序成就一流的面包

做面包是一件很严谨的事，它是艺术，也是科学，时间、温度、材料，差之毫厘就失之千里。我希望有心在这条道路上追寻的年轻人明白，做面包不是件随兴的事，它的道理都很简单，重点在于——所有工序都要确实。

几年前，我曾经受邀担任学校烘焙课的讲师，当时很惊讶地发现，搅拌面团后要测量面团温度时，班上竟然没有一个学生准备温度计。学生在烘焙的理论课堂上学到发酵温度、面团温度，操作上却不能落实，专业理论和实务无法结合。

于是，我让学生分成两组做面包，一组严格控制温度，一组凭感觉，在两种环境下做出来的面包，让他们自己去品尝。从此他们真正体会到温度控制的重要。

面包很诚实，你花了多少心思对待它、照顾它，它都原原本本地记录在身上。

台式甜面包面团

环 境

室内温度 26~28℃

中种面团材料

乌越纯芯面粉 …… 500 克 50％
成分：加拿大一级春麦、美麦
蛋白质：11.9％ 灰分：0.37％

乌越红蝶面粉 …… 200 克 20％
成分：加拿大一级春麦、美麦
蛋白质：13.7％ 灰分：0.43％

砂糖 ………………… 50 克 5％
鲜酵母 ……………… 30 克 3％
蛋黄 ………………… 70 克 7％
水 …………………… 330 克 33％

制 程

- 搅拌（完成时面团温度为 25℃）。
- 第一次基本发酵 150 分钟。

主面团材料

乌越纯芯面粉 …… 300 克 30％
砂糖 ……………… 200 克 20％
盐 ………………… 10 克 1％
粉末油脂 ………… 100 克 10％
（注：可用无盐黄油替代，略会影响口感。推荐用伊斯尼黄油、安佳发酵黄油。）
无盐黄油 ………… 20 克 2％
水 ………………… 220 克 22％

制 程

- 搅拌（完成时面团温度为 28℃）。
- 静置 10 分钟。
- 分割。
- 中间发酵 30 分钟。
- 整形。

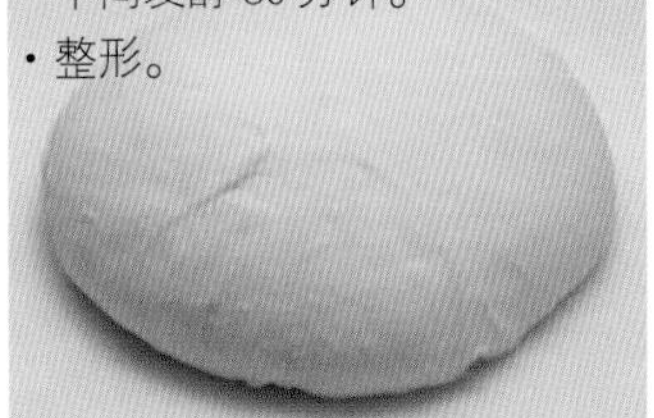

做 法

1. 中种面团搅拌

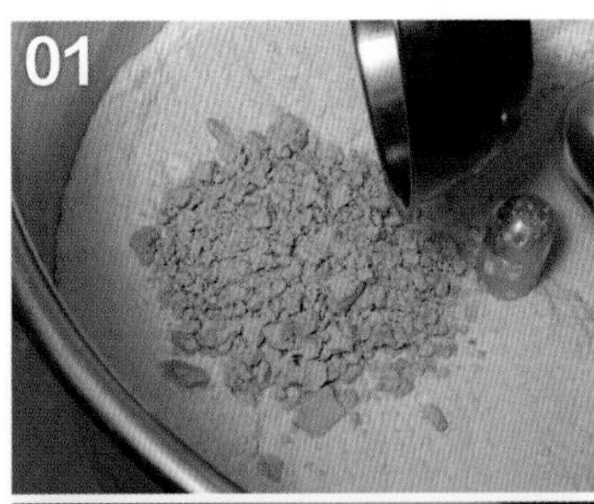

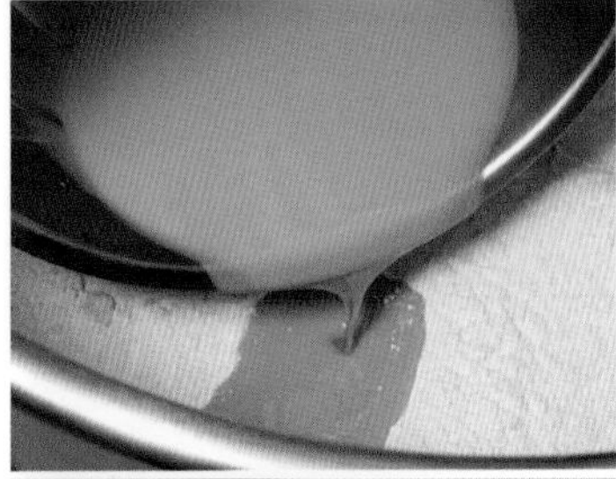

将面粉、砂糖、蛋黄、水和鲜酵母放入搅拌机，慢速搅拌 4 分钟。

中速搅拌 1 分钟，面团成形。

做 法

2. 中种面团发酵

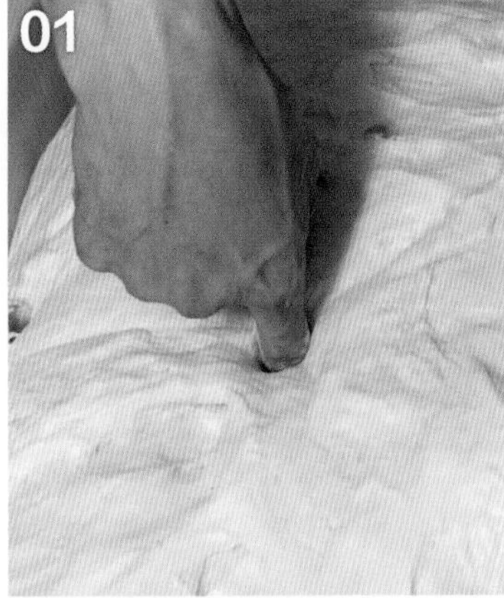

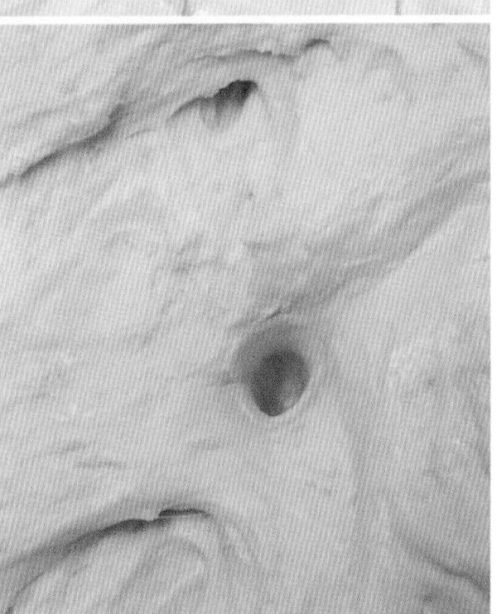

第一次基本发酵：面团初始温度 25℃，静置 150 分钟，发酵室内温度 28℃。用手沾适量的高筋面粉，再把手指戳进面团里，手指拔出后，面团上留有戳洞就表示发酵完成，即可进行主面团搅拌。

环 境

室内温度 26~28℃

每 颗 材 料

台式甜面包面团 ………… 40 克
（做法见第 134 页）

每 颗 备 料

奶酥馅 …………………… 15 克
（做法见第 219 页）
菠萝皮 …………………… 15 克
蛋黄液 …………………… 少许

制 程

- 整形。
- 最后发酵 60 分钟。
- 烤焙。

做 法

1. 制作菠萝皮

材料：菠萝皮馅 640 克
　　　低筋面粉 330 克

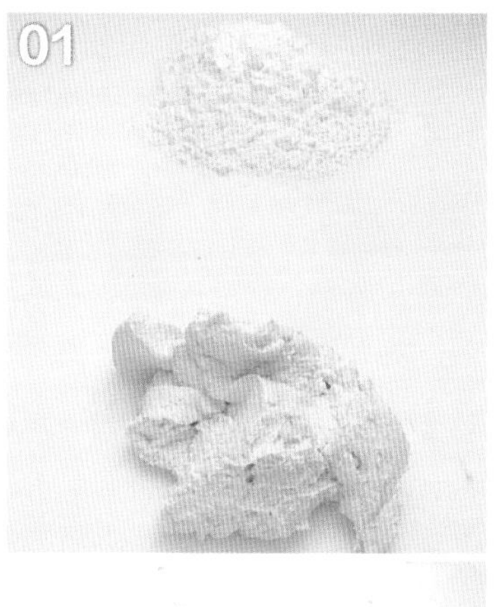

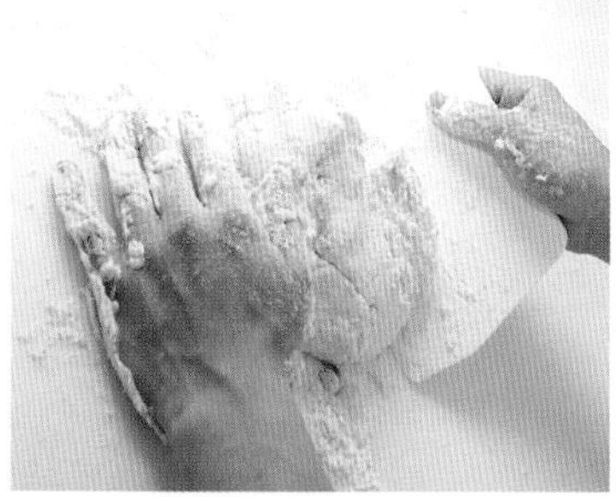

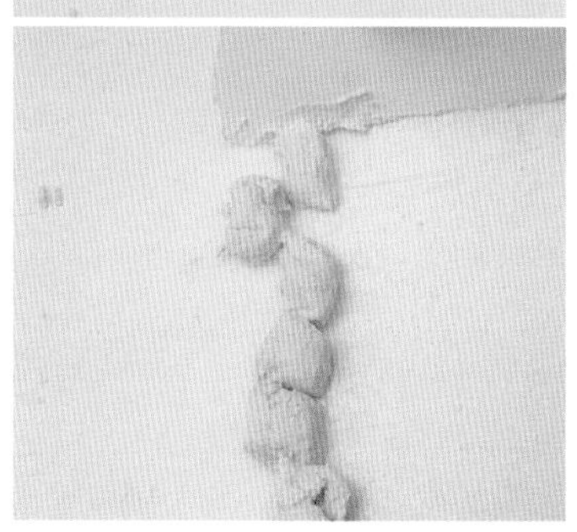

取出菠萝皮馅（做法见第 220 页）640 克，与 330 克低筋面粉拌匀，即成菠萝皮。分割成每颗 15 克，可分成 64 颗。

做 法

2. 整形

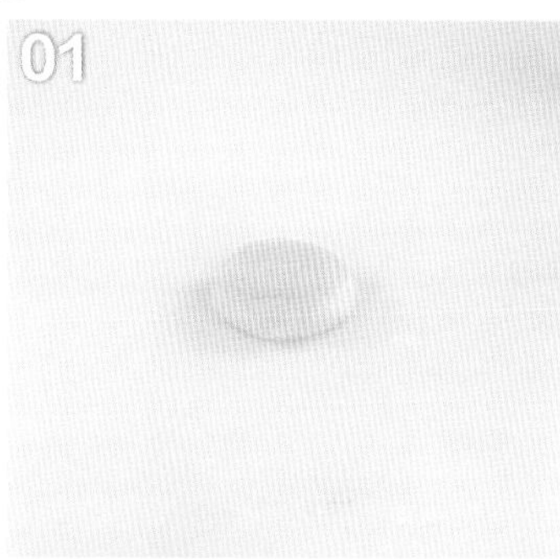

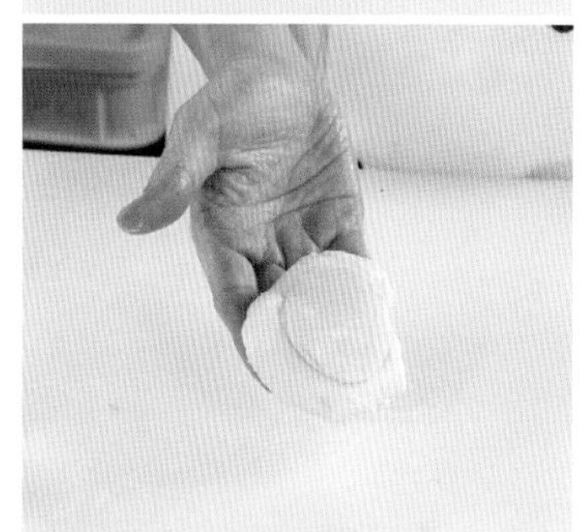

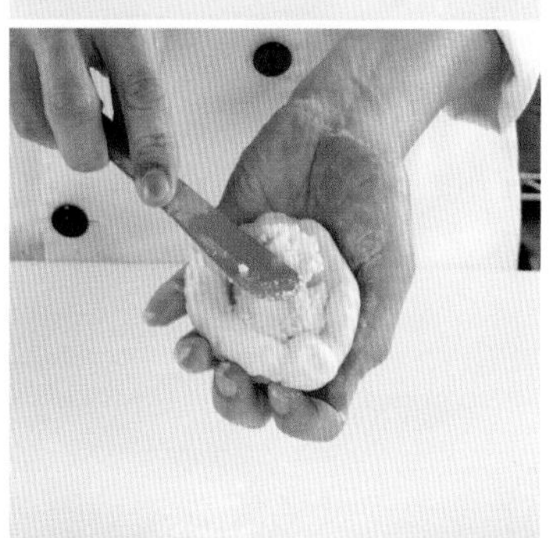

将上述菠萝皮 15 克压平，再把 40 克台式甜面包面团轻压平整后粘在上面，在面团另一侧的中间包入 15 克奶酥馅。

做 法

3. 烤焙

01

以上火 230℃、下火 190℃烤 15 分钟，酥脆的菠萝奶酥面包即可上桌。

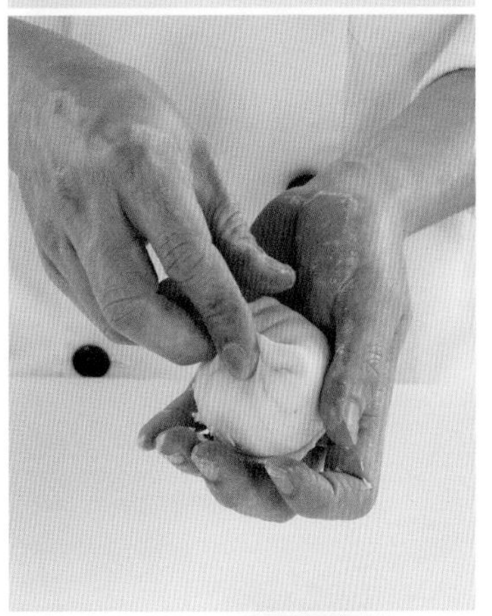

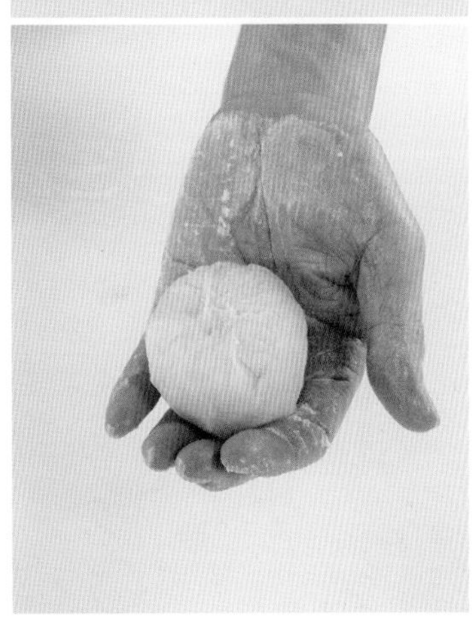

将面团收紧，边转边捏合，将内馅紧紧包住。将底部的菠萝皮向上带起，贴合面团。

03

将包好的面团的菠萝皮面朝上，放入圆形纸杯模型。

在面团表面涂上蛋黄液。进行 60 分钟最后发酵（室内温度 28℃）。

宝春师傅叮咛

菠萝皮馅与低筋面粉拌合时要快，让两者尽快成团，因为手有温度，若接触太久容易让菠萝皮馅出油，烤出来的菠萝皮口感会变得比较硬而不酥脆。

小葡萄面包

环 境

室内温度 26~28℃

材 料

材料	用量	比例
黄骆驼高筋面粉	1000 克	100%
砂糖	160 克	16%
盐	14 克	1.4%
鲜酵母	40 克	4%
全蛋	100 克	10%
动物性稀奶油	300 克	30%
克林姆馅（做法见第 222 页）	150 克	15%
脱脂奶粉	40 克	4%
麦芽精	3 克	0.3%
水	300 克	30%
无盐黄油	70 克	7%
葡萄干（先用 40℃的温水清洗一次）	700 克	70%
全蛋液		

制 程

- 搅拌（完成时面团温度为 26℃）。
- 第一次发酵 60 分钟。
- 分割。
- 中间发酵 25 分钟。
- 整形。
- 最后发酵 60 分钟。
- 烤焙。

做 法

1. 搅拌

将高筋面粉、盐、砂糖、全蛋、动物性稀奶油、克林姆馅、脱脂奶粉、麦芽精、水加入搅拌机。

慢速搅拌 6 分钟，在此期间于第 2 分钟加入鲜酵母。

慢速搅拌后再以中速搅拌 10 分钟。

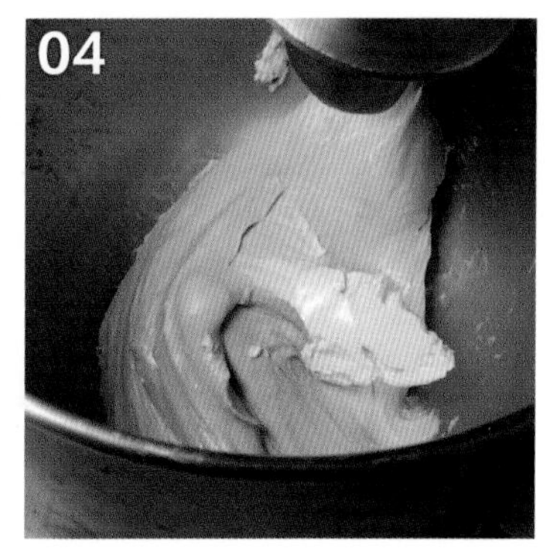

加入无盐黄油，再慢速搅拌 1 分钟，中速搅拌 6 分钟。

加入葡萄干，再慢速搅拌 2 分钟。确认面团温度为 26℃。

做 法
2. 发酵

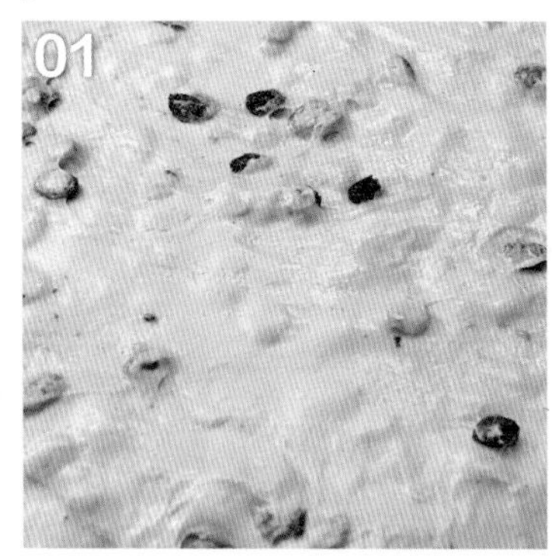

进行第一次基本发酵 60 分钟。

做 法
3. 分割

将面团分割成每块 40 克，收成圆形。静置 25 分钟进行中间发酵。

做 法
4. 整形

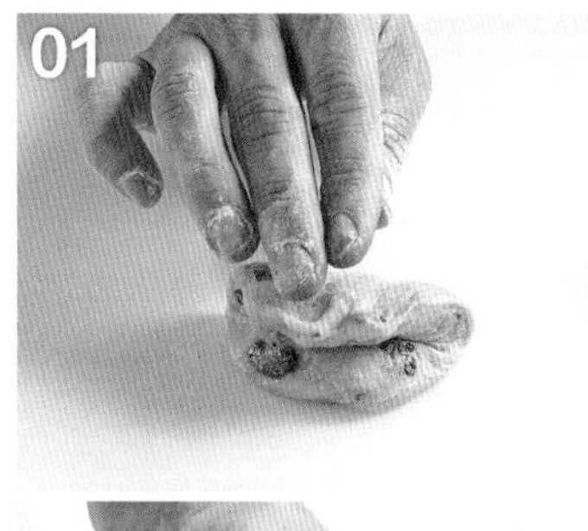

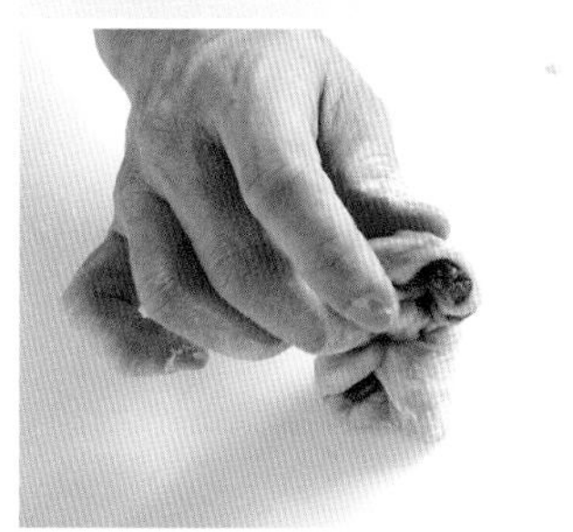

将面团压平、轻轻拍打，对折后再对折，再搓出圆形。

用手掌将面团整个包裹住搓揉，让面团中心形成一个旋涡。然后将面团进行 60 分钟最后发酵。

做 法
5. 烤焙

入炉前在面团外层涂上全蛋液，直接入炉，以上火 230℃、下火 210℃烤 5 分钟。

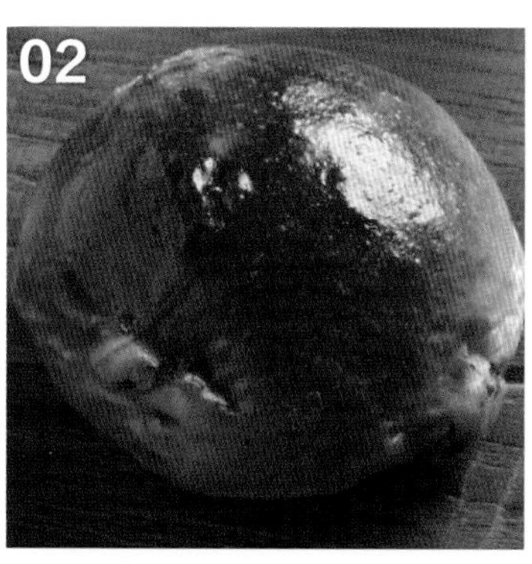

有着 Q 软口感的小葡萄面包，适合给小朋友当早餐。

宝春师傅叮咛

1. 若搅拌过程中发现温度太高，可在搅拌缸外围放置冰水，让面团降温。
2. 将葡萄干用 40℃的温水清洗是为了将表面多余的杂质去除，并可让葡萄干先行吸收水分，在拌入面团之后，才不会吸收面团的水分，让烘烤后的面包过干。

星野酵母面包

星野酵母像个“娇贵”的公主，生性敏感而脆弱。温度太高，会发酵得太快，让面团过发而口感变干；温度太低，活化的酵母菌不足，面团又没办法完全发酵。要把它伺候得舒舒顺顺，得谨慎而专注，是会让面包师傅很有满足感的挑战。

我和“星野”的缘分，是三年多前到日本九州参加食品展时结下的。在“风见鸡面包店”前的摊位上，专门做星野酵母面包的技师福王寺明师傅正在示范这款面包，材料非常简单，风味却不单调，Q弹又湿润的口感，我特别喜爱。从他们提供的资料上，我才知道，原来这个酵母菌很有历史，是日本人古早时代就使用的，多用在酿造酱油。它是采集附着在谷物上的酵母菌、乳酸菌，搭配日本产的米及小麦，不用任何添加物培养而成的。

星野发酵种主要成分有小麦粉、米、酵母、曲……最特别是因添加了“曲”，其发酵作用更使小麦的甘味及甜味完全释放，面团经过像酿酒般的长时间发酵，长时间自然熟成，使面包的香气更持久，散发自然独特的香气。或许是因为星野酵母菌散发着浓浓的东方“酒酿味”，让我觉得格外亲切，一接触就着迷上了。“我也想挑战看看，用这像谷物发酵的酵母菌来做面包。”当下我心里便这么想。之后台湾的厂商邀请福王寺明师傅来台讲习，我就担任助手。一面协助，一面也借机学习。

日本烘焙业有很大方的传统，他们对配方不太藏私。福王寺明师傅知道我有意尝试做这系列的面包后，大方地将他的星野面包配方提供给我，我先依样画葫芦，再视口味稍稍调整，主要是将一些食材改为台湾当地的食材。

星野酵母虽然是一种半成品的酵母粉，但其经过还原起种、发酵，使用到面团上，每一个环节都是“差之毫厘，失之千里”。面团的素材非常简单，只用酵母、老面、盐、面粉、水和橄榄油做出来，没有黄油、牛奶、蛋、糖，也没有馅料或果干。但面团含水量很饱满。搅拌过程中，连注水都要小心翼翼，分次加入；倒得太快、太急，面团出不了筋性，面包就成不了形。

星野酵母虽然如女人般柔情似水，但它又有极惊人的爆发力。发酵完美的星野酵母面团，以高温快速烤焙，可以膨胀成三倍大。

而且就如所有迷人的女子一般，它也有着神秘的个性，需要慢慢了解。例如，隔夜后再回烤的星野面包，风味比新鲜出炉更有层次。这款面包除了可以品尝单纯的盐味，也很适合做成料理面包，加上蔬菜、白酱等轻食的配料，内涵便更为丰富又符合健康概念。

虽然我开了自己的面包店后，不再参与面包竞赛，但我将每个消费者当成评审。我期望自己，能看到消费者接触到不同种类面包时的惊喜；也要求自己，要将面包品质维持一致。挑战更多不熟悉、甚至没有接触过的面包种类，永远都能引起我学习的兴趣和探索的欲望。面包的世界永无止境，一个人可以永远保有新鲜感，也只有这样才能永远保留成长的空间。

星野酵母面团

环境

室内温度 26~28℃

材料

乌越中华面粉 ……	550 克	55%
蛋白质：11.5% 灰分：0.36%		
乌越铁塔面粉 ……	400 克	40%
成分：加拿大一级春麦、九州小麦、美麦 蛋白质：11.9% 灰分：0.44%		
黑尔哥兰面粉 ………	50 克	5%
成分：黑麦 蛋白质：8% 灰分：1.4%		
星野酵母生种 ………	50 克	5%
（做法见第 210 页）		
盐 ……………………	20 克	2%
水 …	450 克（第一阶段，0℃）	45%
	+150 克（第二阶段，3℃）	+15%
法国老面起种 ……	500 克	50%
（做法见第 212 页）		

制程

- 搅拌（搅拌完的面团温度为 24℃）。
- 基本发酵 150 分钟。

做法

1. 搅拌

01 先将星野酵母生种 50 克倒入第一阶段 450 克的水（0℃）稀释，以避免生种直接接触盐而使酵母菌遭破坏。

02 将盐加入搅拌桶内。

03 继续加入 500 克法国老面起种和已加水稀释的星野酵母生种，以及三种面粉，慢速搅拌 4 分钟。确定面团温度为 24℃。

04 此时再将第二阶段 150 克的水（3℃）分 5 次慢慢注入。慢慢注水才能让面团成块并形成筋性。

做 法

2. 发酵

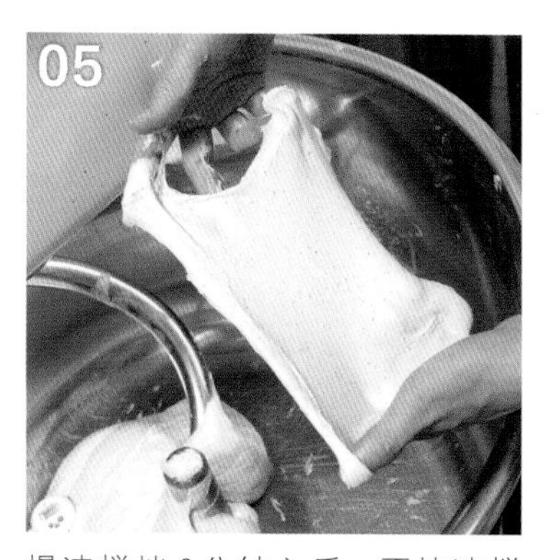

慢速搅拌6分钟之后，再快速搅拌2分钟。确认面团搅拌后达到可完全扩展程度，并确认面团温度为24℃。“完全扩展”是指面团展开后，可透过面团看见手指头的状态，此时才能保证面团搅拌充分，面包口感良好。

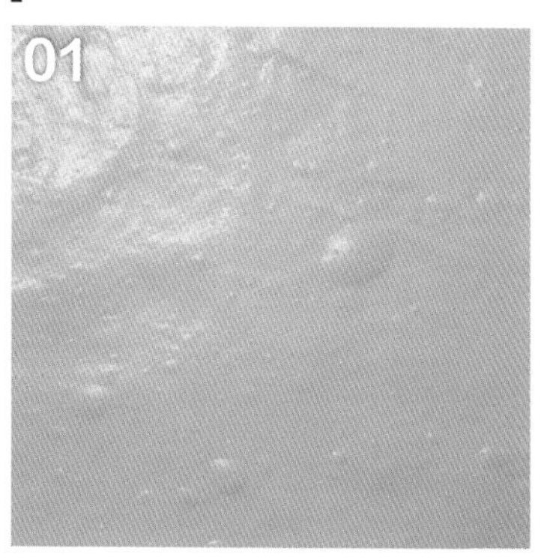

进行基本发酵：发酵室温度32℃，时间150分钟。而后将面团依面包大小需要进行分割。

宝春师傅叮咛

星野酵母面团的水含量很高，面团搅拌时在每一次加水的过程中，要注意随时测量面团温度。另外，在第二阶段加水前，一定要确认第一阶段的水已被面团完全吸收，否则就无法快速成团。

星野酵母原味面包

环 境

室内温度 26~28℃

每 颗 材 料

星野酵母面团 …………… 120克
（做法见第156页）

备 料

法国海盐 …………………… 适量
（注：也可用地中海海盐替代）
橄榄油 ……………………… 适量

制 程

- 分割。
- 中间发酵30分钟。
- 整形。
- 烤焙。

做 法

1. 分割

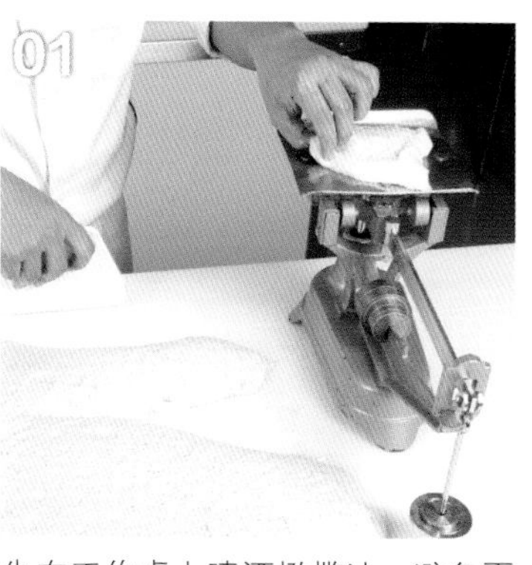

先在工作桌上喷洒橄榄油，避免面团粘连。面团分割成每颗120克，尽量完整大块切，太多细小碎块会破坏面团组织。

将分割的面团四周面皮往内折，手法类似捏包子，动作尽量轻柔。

将面包箱底涂上橄榄油，避免面团粘连。将分割并折好的面团放入箱内。进行中间发酵30分钟。

做 法

2. 整形

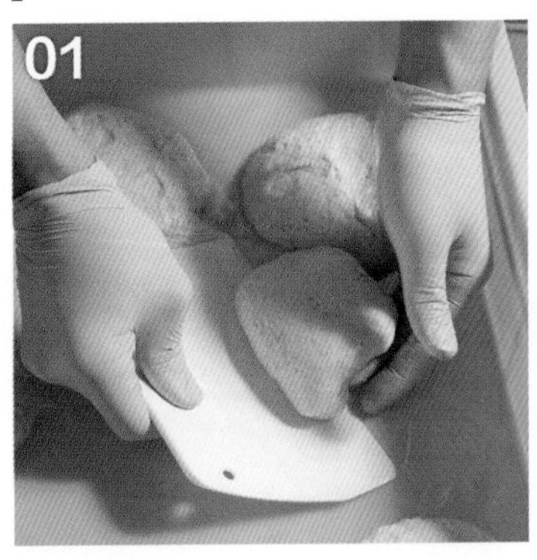

刮刀上抹上橄榄油，将面团轻轻铲起。

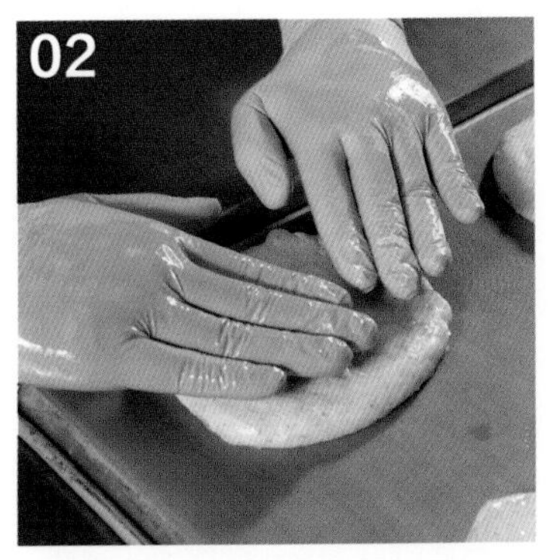

将面团铲起后放置在耐烤烤盘纸上，抹上橄榄油，并轻轻压成圆形。

撒上法国海盐，不要超过 1 克。

在面包体上喷水，让海盐可以紧密附着。

做 法

3. 烤焙

将置放在耐烤烤盘纸上的面团直接送入烤箱，抽出烤盘。开烤箱蒸汽 6 秒后，以上火 285℃、下火 200℃ 烤 6 分半钟。

将成品涂上橄榄油。

宝春师傅叮咛

1. 整形时，手的力道要轻柔，否则会破坏太多的气孔，导致烤焙时膨胀效果不佳，很容易塌陷。
2. 烤焙星野酵母原味面包，烤箱事前的预热很重要，一定要达到上火285℃、下火200℃，才可将准备好的面团送入。若烤箱温度不够，将会影响面团的膨胀度，进而影响面包的Q弹口感。
3. 星野酵母面包系列，不需经过最后发酵。

星野酵母白酱芝士面包

环 境

室内温度 26~28℃

每 颗 材 料

星野酵母面团 ··············· 100 克
（做法见第 156 页）

备 料

白酱 ····························· 40 克
（做法见第 228 页）
奶酪丝 ························· 30 克
芝士粉 ························· 3 克
橄榄油 ························· 适量
盐 ······························ 0.5 克

制 程

- 分割。
- 中间发酵 30 分钟。
- 整形。
- 烤焙。

做 法

1. 分割

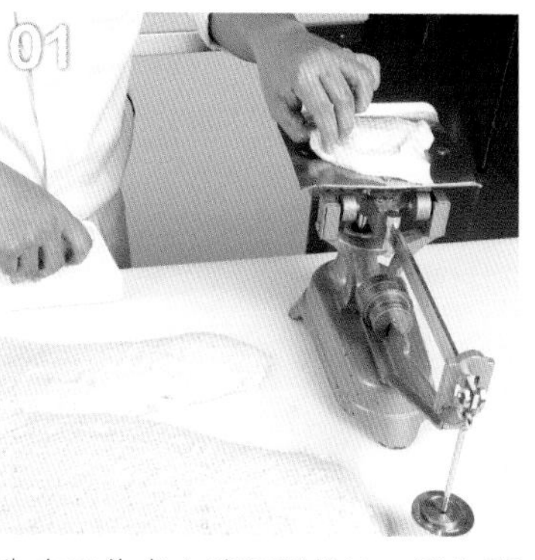

先在工作桌上喷洒橄榄油，避免面团粘连。面团分割成每颗 100 克，尽量完整大块切，太多细小碎块会破坏面团组织。

将分割的面团四周面皮往内折，手法类似捏包子，动作尽量轻柔。

将面包箱底涂上橄榄油，避免面团粘连。将分割并折好的面团放入箱内。进行中间发酵 30 分钟。

做 法

2. 整形

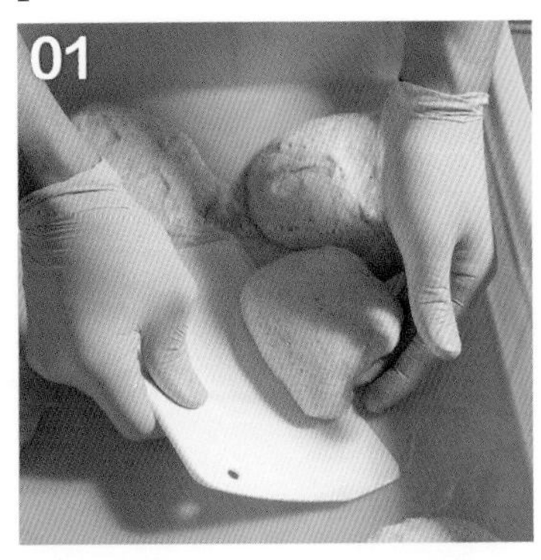

刮刀上抹上橄榄油，将面团轻轻铲起。

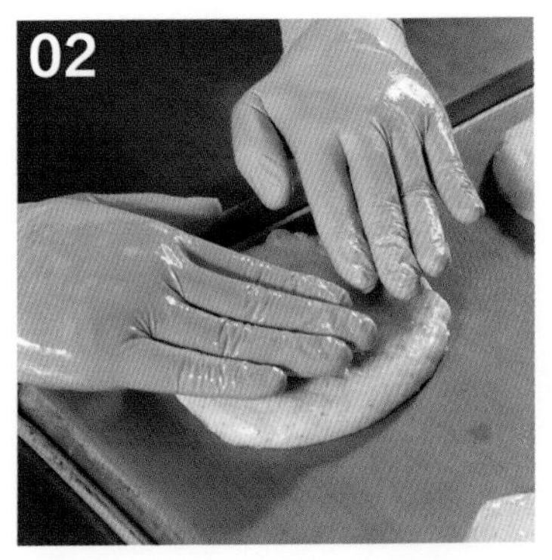

将面团铲起后放置在耐烤烤盘纸上，抹上橄榄油，并轻轻压成圆形。

洒上 0.5 克的盐。

抹上 40 克的白酱。

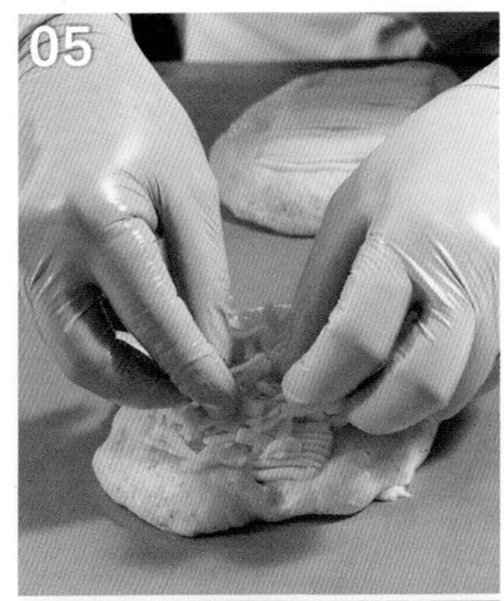

放上 30 克的奶酪丝，洒上 3 克的芝士粉。

做 法

3. 烤焙

将置放在耐烤烤盘纸上的面团直接送入烤箱，抽出烤盘。不需喷蒸汽，以上火 285℃、下火 200℃烤 6 分钟。

将成品涂上橄榄油。

宝春师傅叮咛

星野酵母白酱芝士面包不需喷蒸汽，是因为面包上已有许多材料，若喷蒸汽会影响面包的着色度。

星野酵母鲜蔬面包

环 境

室内温度 26~28℃

每 颗 材 料

星野酵母面团 ·············· 100 克
（做法见第 156 页）

备 料

白酱 ···························· 40 克
（做法见第 228 页）
奶酪丝 ························· 30 克
芝士粉 ·························· 1 克
西蓝花 ··························· 2 朵
（先用滚水烫熟再冷却备用）
玉米笋 ··························· 1 根
（先用滚水烫熟再冷却备用）
小番茄 ··························· 1 粒
橄榄油 ························· 适量
盐 ······························ 0.5 克

制 程

- 分割。
- 中间发酵 30 分钟。
- 整形。
- 装饰。
- 烤焙。

做 法

1. 分割

先在工作桌上喷洒橄榄油，避免面团粘连。面团分割成每颗 100 克，尽量完整大块切，太多细小碎块会破坏面团组织。

将分割的面团四周面皮往内折，手法类似捏包子，动作尽量轻柔。

将面包箱底涂上橄榄油，避免面团粘连。将分割并折好的面团放入箱内。进行中间发酵 30 分钟。

做 法

2. 整形

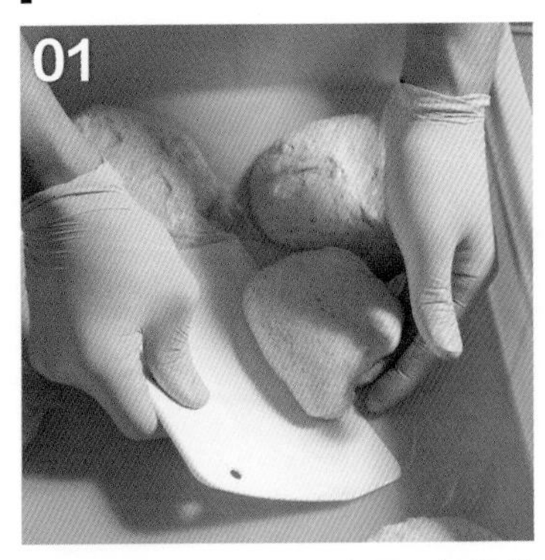

刮刀上抹上橄榄油，将面团轻轻铲起。

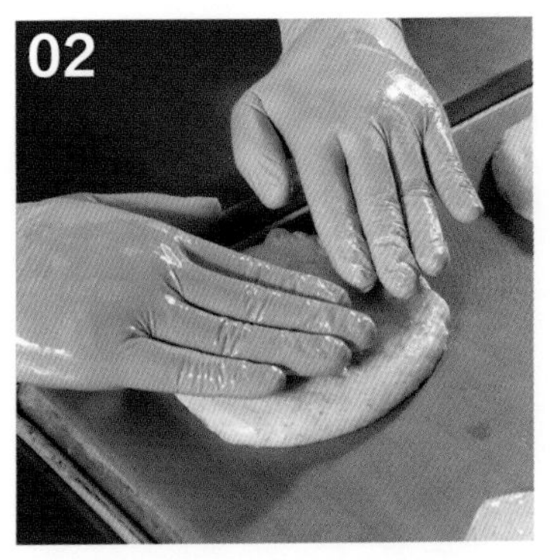

将面团铲起后放置在耐烤烤盘纸上，抹上橄榄油，并轻轻压成圆形。

洒上 0.5 克的盐。

抹上 40 克的白酱。

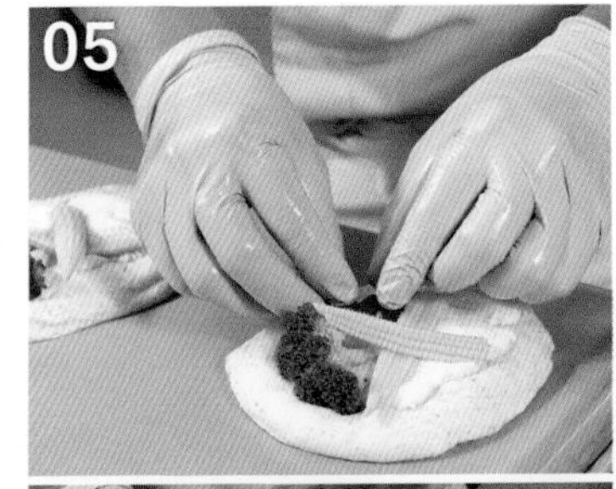

放上适量的西蓝花、玉米笋、小番茄，玉米笋和小番茄都要对切，再放上 30 克的奶酪丝，洒上 1 克的芝士粉。

做 法

3. 烤焙

将在耐烤烤盘纸上的面团，直接送入烤箱，抽出烤盘。不需喷蒸汽，以上火 285℃、下火 200℃烤 6 分钟。

将成品涂上橄榄油。

贝果

我对贝果是三见钟情。

贝果现在称得上是烘焙食品中的“青春偶像”，不仅成为年轻人热爱的时髦早午餐，并且因为它相对少油、低脂，符合近年来健康饮食的潮流，台湾街头专卖贝果的连锁店一家接着一家开，连超市里都卖起了贝果。

但早些年前，对我们这些做传统面包的师傅来说，口感干燥无味的贝果，根本是“不入流”的面包，早先我和多数面包师傅一样，不把它放在眼里。

所以，五年前，我所任职工作单位的主管跟我说：“现在贝果好像很受欢迎，公司也想来卖贝果，你去做看看吧！”接到这样的指令，我一心只想蒙混过关，因为当下的我，对贝果真是兴不起一丝丝的热情和渴望啊！

从不屑一学到被“小圈圈”套牢

我四处问朋友：“怎么做贝果？”有个朋友知悉我的处境和心情，愿意情义相授，并且十分体贴地告诉我：“我教你做个改良式贝果吧，不用热水烫，速成又好做。”

我听了大乐。因为传统贝果得用热水烫，工序麻烦，如果能省一道工，又能交差，岂不两全其美。那个朋友透露，改良贝果的做法很简单：“只要烤焙时，在欧式烤炉上多喷一点蒸汽就好了。”

我兴冲冲地在公司做了这款“偷吃步”的贝果，给主管送上。但那干巴巴、白苍苍的贝果，完全骗不过主管的眼和嘴，他尝了之后，脸色微愠地说：“这根本不是贝果，你想骗我！”我自知理亏，涨红着脸，尴尬又词穷地说：“这样喔，这样喔，那我再试试吧！”

我知道，用这种含混的态度是过不了关的，开始下苦心想认真学习。翻遍书籍，找到一本欧洲的贝果书，特别请公司里一名留法的副主厨帮我翻译，想照着做看看。但那本书的配方中，水量用得很少，依样画葫芦做出来的贝果又硬又干，简直四不像，我暗自叫苦：“这怎么能入口呢？”

两度失败，让我见识到了贝果的“深度”，也自我反省：“为什么那么讨厌贝果呢？”其实，这只是一种自我设限的成见罢了，因为不了解而去排斥，最终只是让自己格局施展不开。

于是我再度四下求助。另一个朋友指点我，做贝果时要在面团里加上老面，再放入冰箱冷藏发酵一晚，隔天再用热水烫过，如此经过低温发酵的贝果，才不会太干燥。

这回，我照起工[①]来做，果然做出进阶版的贝果来。第一次让我觉得：“原来贝果的滋味是这样俏皮，我先前都错过了它的美好！”不过，低温发酵的贝果尽管不干不燥，口感仍偏Q，不见得人人合意，我只能自我安慰：“没办法啦，我已发挥到极限了，能做出

编者注

① “照起工”是闽南语，意为认真对待，按规矩办。

最厉害的贝果，就是这样了。”

直到三年前，我和友人走访日本东京一家位于惠比寿的小餐馆里的有包馅料的贝果，才真正打开我对贝果的味觉和技法的任督二脉，从此心甘情愿让这种“皮酥内软还能玩各种馅料变化”、不油不腻的可爱“小圈圈”套牢。

做出美味贝果的秘密

这家小餐馆原本只是卖简餐，老板亲自掌厨，老板娘为了帮夫，买了台小型搅拌机做贝果。原本只是随餐附赠的小面包，没想到，愈做愈得心应手，口味愈来愈多，龙套变主秀，不少客人上门只为了想吃贝果，渐渐发展成一家贝果专卖店，小餐馆摇身变成排队发烧店，媒体大肆报导。

我和友人第一回去，走了许久才找到这家隐巷内的小店家，不料，才下午两点，店内的贝果竟已被抢购一空。二度造访，赶在一点多时到达，店里也只剩十几个贝果，赶紧全拿了结账，终于如愿尝到。

这家店的贝果，表皮香脆、面心湿润又不过韧，最夺人心魂的是在贝果里包上各式各样的内馅，有巧克力系列、抹茶系列等十多种口味，替贝果创造了新的滋味。

老板娘为了对顾客负责，不仅选用最好的面粉，做工、器械和流程都始终如一，虽然现在已从一天卖二三十个，大量增加到两三百个，仍坚持使用小型搅拌机搅拌面团，宁愿在小小的店里摆着五六台小型搅拌机，也不敢换大型搅拌机，就是担心风味不同。

受到这家店的启发，我回台湾后用他们的配方和构思，自己再摸索做新式贝果，终于发现做出美味贝果的秘密——就是一定要当天搅拌、当天整形、当天烤焙，不再冷藏一夜，缩短发酵的时间。唯如此做出来的贝果，才能保有外脆内软的口感，又不致太 Q 而难以咀嚼。

除了面团烤焙后的外在口感，贝果的“内涵”——馅料更是让它耐人寻味的关键，我找寻各种台湾的本土食材，开发贝果内馅，让贝果层次更丰富。像是我面包店里现在卖的芒果贝果，选用芒果干当食材，不但面包有芒果丁，也把芒果干打成泥，包在内馅里，每天可卖出两三百个，十分受欢迎。后来还研发了番茄芝士贝果这一个口味。

做面包是件很有趣的事，自己的品味、性格，都能融入面团中，赋予它活力和生命力；而用心灌注的面包，又会反馈你新的灵感和思绪。

贝果教我的事，就是永远不要让想法被框架和成见钉住，创作和视野才会更多元。自此我更积极展开跨界的学习，比如酿酒、听音乐，让自己的每一颗细胞都热切地张开感受生活，随时随地吸取各种类的养分，而它们最终都会灌注到我做出的面包里，成为丰富多层次的口感。

同时贝果也让我立下心愿，未来我的公司一定要成立研发部门，我要带领公司的师傅们到世界各地考察，学习各国的面包文化，集思广益开创更多面包的可能性。一个人的脑力、创意和品味都有限，要让面包店永续经营，一定要推陈出新，培养更多人才，研发出兼具口味创新和公司文化的特色面包。

对于三见钟情的贝果，现在的我，真是喜爱极了。

原味贝果

环 境

室内温度 26~28℃

材 料

霓虹吐司粉 ……… 蛋白质：11.9% 灰分：0.38%	700 克	70%
先锋特高筋面粉 … 蛋白质：14% 灰分：0.42%	300 克	30%
砂糖 …………………	70 克	7%
盐 ……………………	16 克	1.6%
鲜酵母 ………………	20 克	2%
全蛋 …………………	50 克	5%
水 ……………………	450 克	45%
无盐黄油 ……………	40 克	4%

备 料

水 ………………… 2000 克

麦芽精 …………… 60 克

制 程

- 搅拌（完成时面团温度为 26℃）。
- 第一次基本发酵 30 分钟。
- 分割。
- 中间发酵 10 分钟。
- 整形。
- 最后发酵 60 分钟。
- 烫煮面团。
- 烤焙。

做 法

1. 搅拌

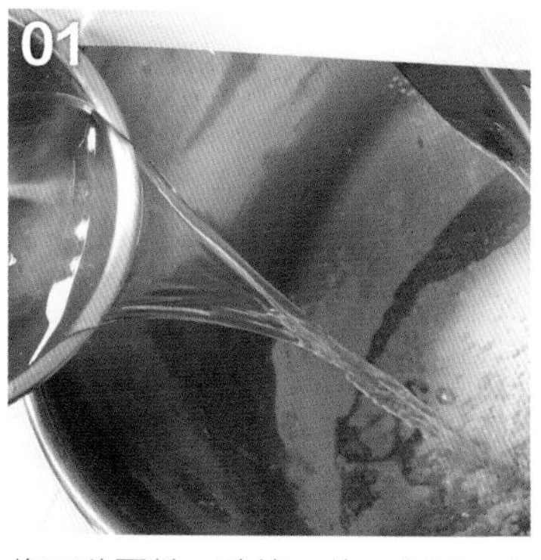

将两种面粉、砂糖、盐、全蛋、水倒入搅拌机。

慢速搅拌 2 分钟后，加入鲜酵母，再继续慢速搅拌 3 分钟。

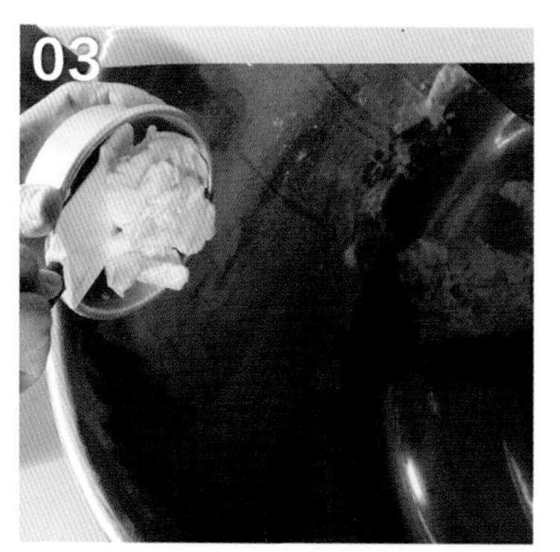

把无盐黄油加入，持续慢速搅拌 6 分钟。搅拌完成温度为 26℃。面团进行第一次基本发酵 30 分钟。

做 法

2. 分割

将面团进行分割，每块 100 克。将分割后的面团搓揉成圆形。让这些面团进行 10 分钟中间发酵。

做 法
3. 整形

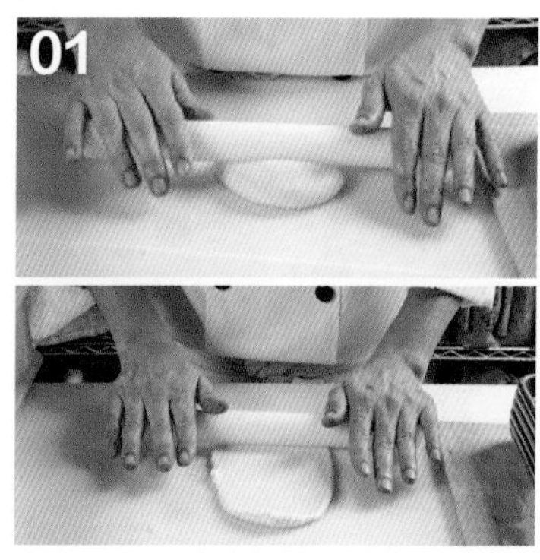

将面团以手轻轻压平，再以擀面棍由上往下擀平。

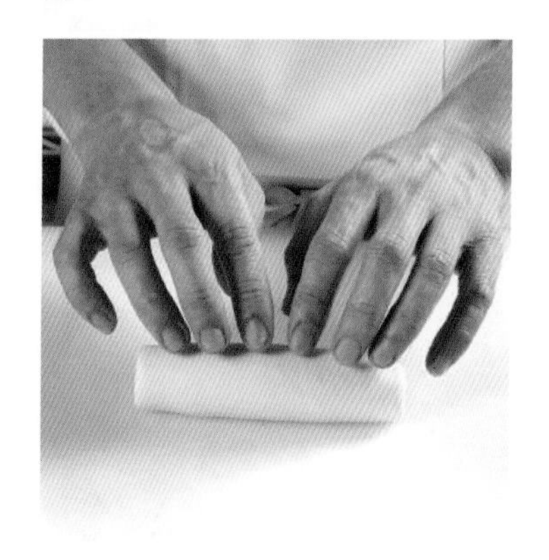

将擀平的面团翻面，再由上往下卷成条状。

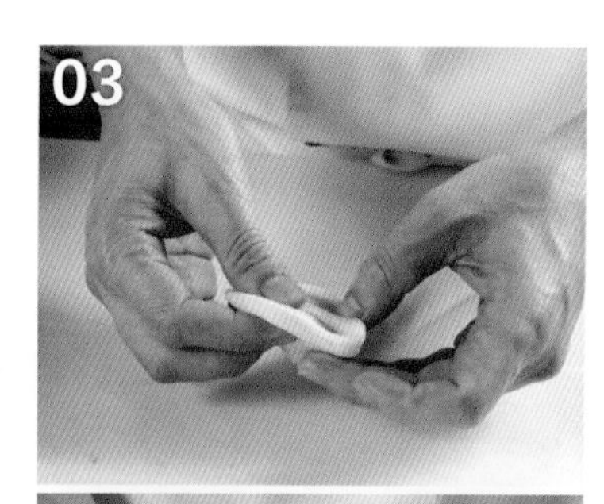

把面团的一端掀开，包住另一端，做成一个圈圈形。让面团进行 60 分钟最后发酵。

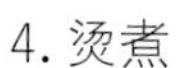

做 法
4. 烫煮

向盆中倒入 2000 克的水，加入 60 克麦芽精，开火加热，水开后转至中火，将贝果面团加入。

烫 30 秒后，翻面再烫 30 秒。

将烫好的贝果用筛网捞起并沥干，放入烤盘，直接送入烤箱。

做 法

5. 烤焙

以上火 240℃、下火 195℃烤 18 分钟。

咬劲十足、皮韧内软的原味贝果。

宝春师傅叮咛

烫贝果时，最好控制在一分钟内，如此表皮才会光滑，吃起来才软硬适中；若烫超过一分钟，不但表皮会变皱，也会影响口感。

蓝莓贝果

环 境

室内温度 26~28℃

材 料

材料	用量	比例
霓虹吐司粉 蛋白质：11.9%　灰分：0.36%	700 克	70%
先锋特高筋面粉 蛋白质：14%　灰分：0.42%	300 克	30%
砂糖	70 克	7%
盐	16 克	1.6%
鲜酵母	20 克	2%
全蛋	50 克	5%
水	450 克	45%
无盐黄油	40 克	4%
野生蓝莓干	160 克	16%

备 料

水 ······················ 2000 克

麦芽精 ···················· 60 克

制 程

- 搅拌（完成时面团温度为 26℃）。
- 第一次基本发酵 30 分钟。
- 分割。
- 中间发酵 10 分钟。
- 整形。
- 最后发酵 60 分钟。
- 烫煮面团。
- 烤焙。

做 法

1. 搅拌

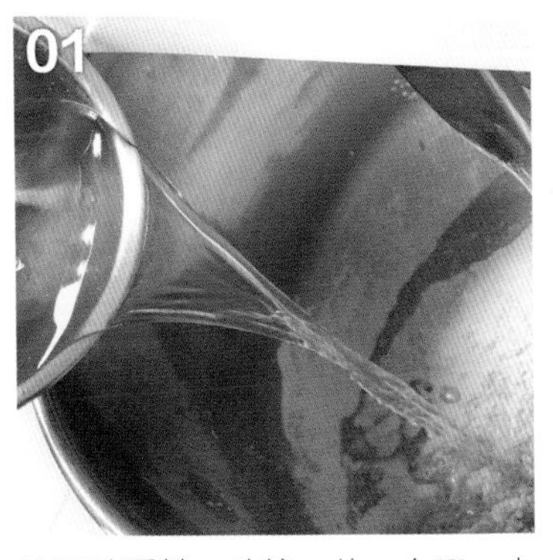

将两种面粉、砂糖、盐、全蛋、水倒入搅拌机。

慢速搅拌 2 分钟后，加入鲜酵母，再继续慢速搅拌 3 分钟。

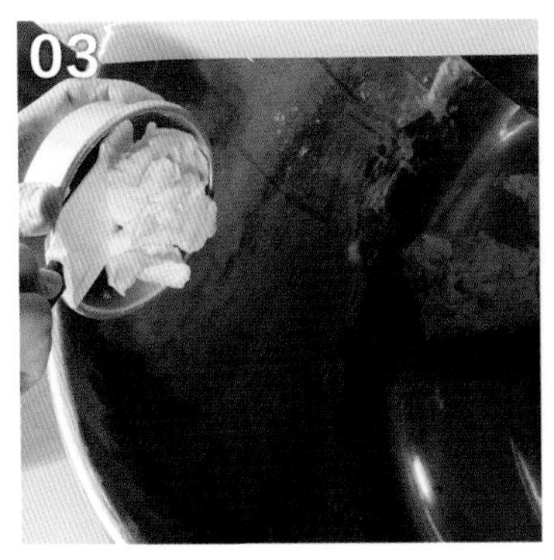

把无盐黄油加入，持续慢速搅拌 6 分钟。

将野生蓝莓干加入面团，持续慢速搅拌 2 分钟，让它们充分混合。搅拌完成面团温度为 26℃。面团进行第一次基本发酵 30 分钟。

做 法

2. 分割

将面团进行分割，每块 100 克。将分割后的面团搓揉成圆形。让这些面团进行 10 分钟中间发酵。

做 法

3. 整形

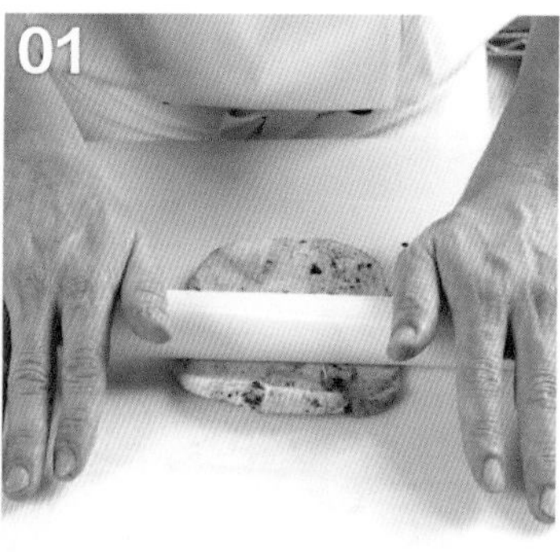

将面团以手轻轻压平，再以擀面棍由上往下擀平。

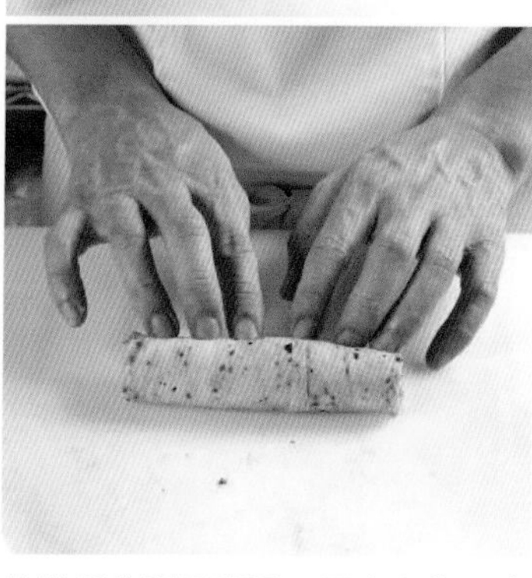

将擀平的面团翻面，再由上往下卷成条状。

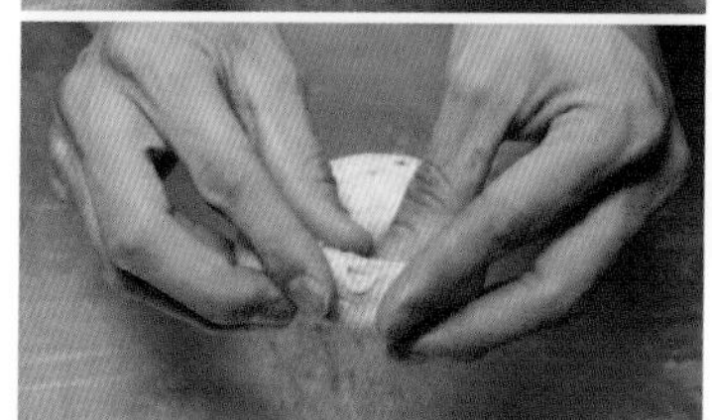

把面团的一端掀开，包住另一端，做成一个圈圈形。让面团进行 60 分钟最后发酵。

做 法

4. 烫煮

向盆中倒入 2000 克的水，加入 60 克麦芽精，开火加热，水开后转至中火，将贝果面团加入。

烫 30 秒后，翻面再烫 30 秒。

将烫好的贝果用筛网捞起并沥干，放入烤盘，直接送入烤箱。

做 法

5. 烤焙

以上火 240℃、下火 195℃烤 18 分钟。

风味十足的蓝莓贝果。

芒果贝果

环 境

室内温度 26~28℃

材 料

霓虹吐司粉 ………	700 克	70%
蛋白质：11.9% 灰分：0.38%		
先锋特高筋面粉 …	300 克	30%
蛋白质：14% 灰分：0.42%		
砂糖 …………………	70 克	7%
盐 ……………………	16 克	1.6%
鲜酵母 ………………	20 克	2%
全蛋 …………………	50 克	5%
水 …………………	450 克	45%
无盐黄油 ……………	40 克	4%
芒果干（切小丁）…	150 克	15%

备 料

水 ………………… 2000 克

麦芽精 ……………… 60 克

芒果泥 ……………… 15 克

（做法见第 224 页）

制 作

- 搅拌（完成时面团温度为 26℃）。
- 第一次基本发酵 30 分钟。
- 分割。
- 中间发酵 10 分钟。
- 整形。
- 最后发酵 60 分钟。
- 烫煮面团。
- 烤焙。

做 法

1. 搅拌

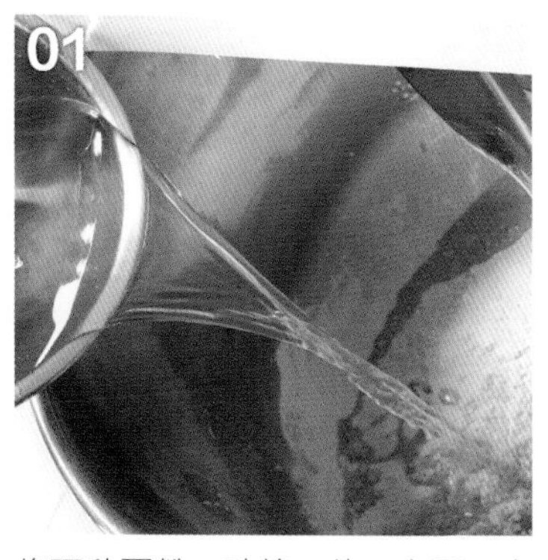

将两种面粉、砂糖、盐、全蛋、水倒入搅拌机。

慢速搅拌 2 分钟后，加入鲜酵母，再继续慢速搅拌 3 分钟。

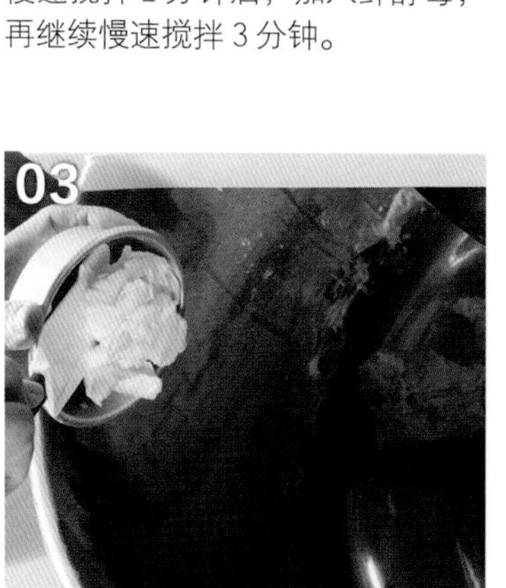

把无盐黄油加入，持续慢速搅拌 6 分钟。

将事先切成小丁的芒果干加入，慢速搅拌 2 分钟，让面团与芒果干充分混合。搅拌完成面团温度为 26℃。面团进行第一次基本发酵 30 分钟。

做 法
2. 分割

将面团进行分割，每块 100 克。

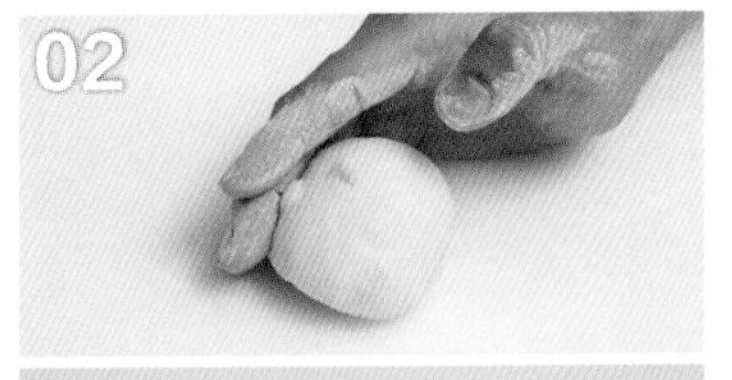

将分割后的面团搓揉成圆形。让这些面团进行 10 分钟中间发酵。

做 法
3. 整形

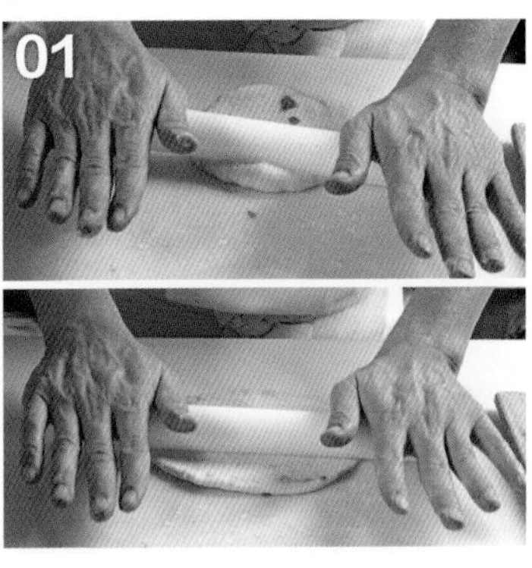

将面团以手轻轻压平，再以擀面棍由上往下擀平。

翻面后，涂抹 15 克的芒果泥，再由上往下卷成条状。

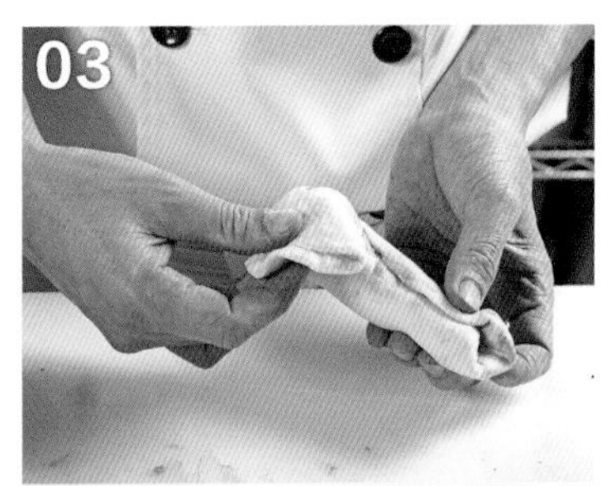

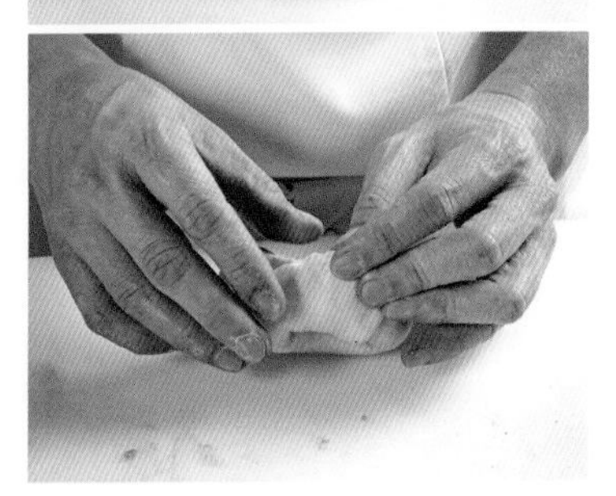

把面团的一端掀开，包住另一端，做成一个圈圈形。让面团进行 60 分钟最后发酵。

做 法

4. 烫煮

向盆中倒入2000克的水，加入60克麦芽精，开火加热，水开后转至中火，将贝果面团加入。

烫30秒后，翻面再烫30秒。

将烫好的贝果用筛网捞起并沥干，放入烤盘，直接送入烤箱。

做 法

5. 烤焙

以上火240℃、下火195℃烤18分钟。

呈现出香甜风味的芒果贝果。

番茄芝士贝果

环 境

室内温度 26~28℃

材 料

霓虹吐司粉 ············	700 克	70%
蛋白质：11.9% 灰分：0.38%		
先锋特高筋面粉 ······	300 克	30%
蛋白质：14% 灰分：0.42%		
砂糖 ······················	70 克	7%
盐 ························	16 克	1.6%
鲜酵母 ··················	20 克	2%
全蛋 ······················	50 克	5%
水 ························	450 克	45%
无盐黄油 ················	40 克	4%
半干小番茄 ············	160 克	16%
（做法见第 230 页）		
意大利干燥综合香草[①] ················	50 克	5%

备 料

水 ····················· 2000 克

麦芽精 ················· 60 克

高达（Gouda）奶酪 ··· 12 克

制 程

- 搅拌（完成时面团温度为 26℃）。
- 第一次基本发酵 30 分钟。
- 分割。
- 中间发酵 10 分钟。
- 整形。
- 最后发酵 60 分钟。
- 烫煮面团。
- 烤焙。

编者注

① 此产品市场上也称“意大利香草”“意大利调料（综合香草）”等。

做 法

1. 搅拌

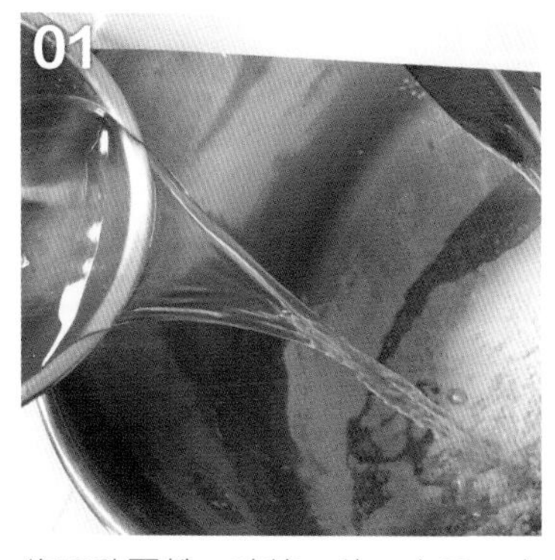

将两种面粉、砂糖、盐、全蛋、水倒入搅拌机。

慢速搅拌 2 分钟后，加入鲜酵母，再继续慢速搅拌 3 分钟。

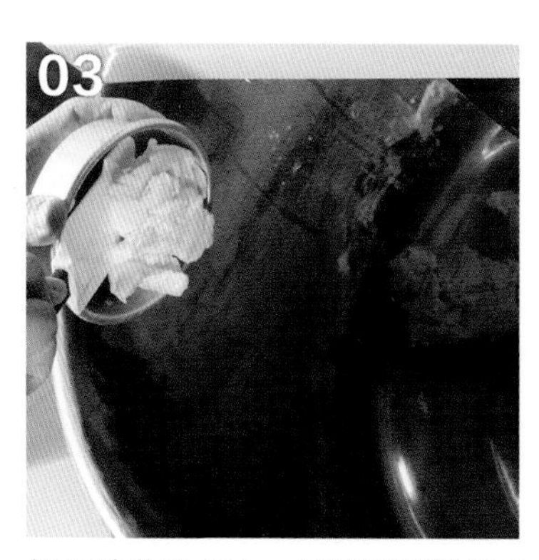

把无盐黄油加入，持续慢速搅拌 6 分钟。

将意大利干燥综合香草及半干小番茄加入搅拌机，持续慢速搅拌 2 分钟，达到充分混合。搅拌完成面团温度为 26℃。面团进行第一次基本发酵 30 分钟。

做 法

2.分割

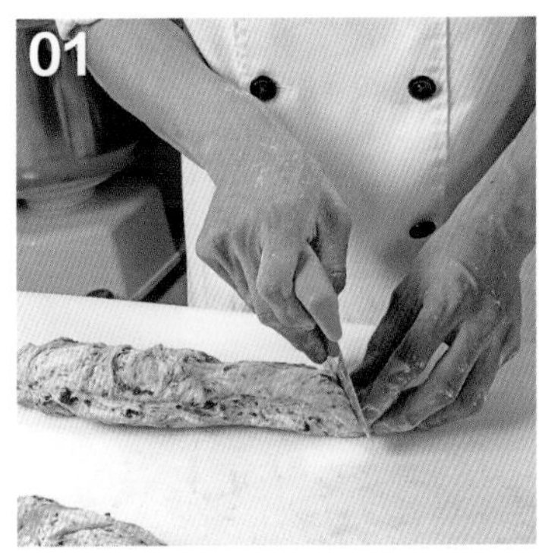

将面团进行分割，每块100克。
将分割后的面团搓揉成圆形。让这些面团进行10分钟中间发酵。

做 法

3.整形

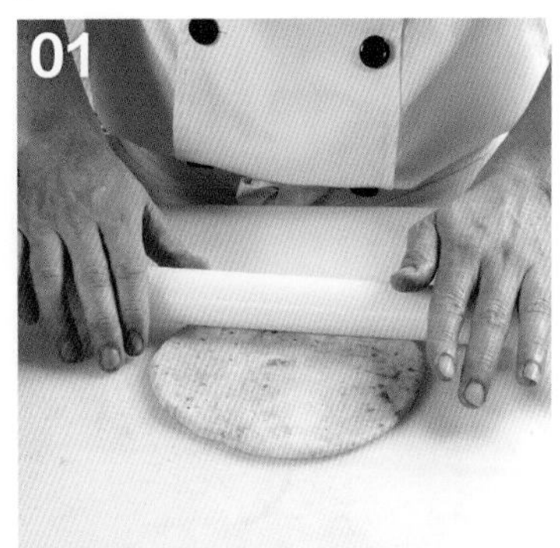

将面团以手轻轻压平，再以擀面棍由上往下擀平。

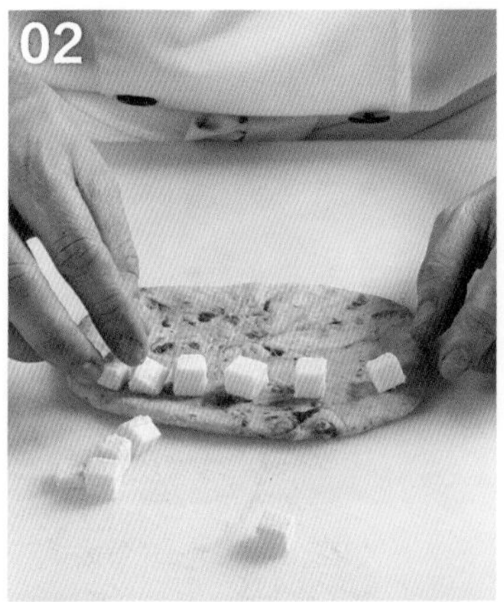

将擀平的面团翻面后，包入12克高达奶酪，再由上往下卷成条状。

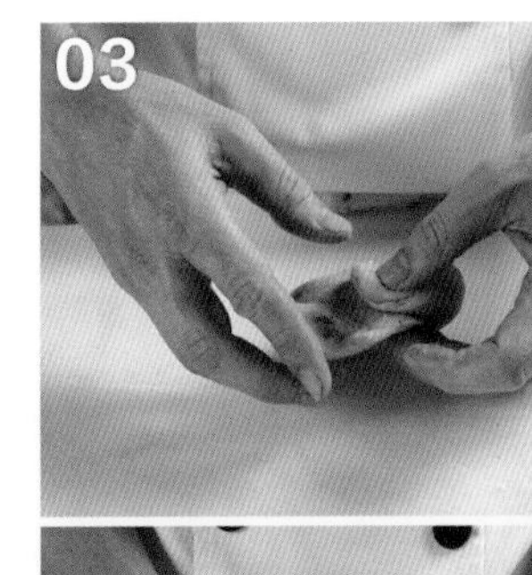

把面团的一端掀开，包住另一端，做成一个圈圈形。让面团进行60分钟最后发酵。

做 法

4. 煮烫

向盆中倒入 2000 克的水，加入 60 克麦芽精，开火加热，水开后转至中火，将贝果面团加入。

烫 30 秒后，翻面再烫 30 秒。

将烫好的贝果用筛网捞起并沥干，放入烤盘，直接送入烤箱。

做 法

5. 烤焙

以上火 240℃、下火 195℃烤 18 分钟。

番茄芝士贝果拥有迷人的风味。

冠军面包

酒酿桂圆面包和荔枝玫瑰面包是世界认识我的起点，也是我用情最深的作品。这不是因为这两款面包带我迈上了世界面包殿堂的巅峰，而是其中揉合着对母亲、故乡点点滴滴的爱意，被世界看见、认同、肯定“吴宝春”背后的那些温柔牵绊。

2006 年冬天，我因为准备隔年亚洲杯暨世界面包大赛苦无灵感，陷入空前的低潮，我怎么都想不通赛事规则中要求的“本土特色面包”该如何呈现，于是回到家乡寻求抚慰。

一款为妈妈而做的面包

我的家乡在大武山的山脚下，冬日也有南乡独享的暖阳。那天，在黄昏的故乡里，我让自己回到孩童时期，找童年玩伴聊聊天，然后独自一人打着赤脚，踩着故乡的泥土一步步走回家。故乡还是一样的故乡，但同伴和我，都不再是天真无忧的孩子；家，也因妈妈病逝，再也听不见她那急急的呼唤：“阿春，返来呷饭！”而变得孤寂。

一阵惆怅迎面袭击，就在四下静悄悄的瞬间，突然，一股熟悉的味道驱赶了我的空虚，“是妈妈做的桂圆糯米糕的香气呀！”那是联结了儿时温馨记忆的味道。妈妈是影响我一生最重要的人，她没有教过我们什么大道理，但家里再怎么贫乏，都没有忘记在冬至为儿女煮上一锅桂圆糯米糕，温暖儿女的心。在她劳苦的一生中，从不曾怨天尤人，即使委屈、无奈，都带着感恩的心，这教会我：不要埋怨，不要争辩，凡事脚踏实地去做。

从小到大，在外受到挫折或心情低落时，我只要看到妈妈就能获得力量。此时，仿佛妈妈又在给我指引——她在冬至时做的桂圆糯米糕的味道突然出现，而次年亚洲杯比赛的当天正好是母亲节，这一切仿佛在传递一个讯息：要我做一款为妈妈而做的面包。

刹那间，我从忧愁的情绪里挣脱，灵感乍现让心里涌上了甘甜喜悦，本土特色面包如果除了台湾的特色外，还能融入我对妈妈的爱，一定更棒！小时候，是妈妈为我们煮上一锅暖呼呼、甜滋滋的桂圆糯米糕，给孩子们最巨大的爱；现在，换我为妈妈做一款桂圆面包，表达我对她最深的感恩和思念。

回到高雄后，我立即用这个味道试做桂圆面包，果然呈现出很迷人的风味。但我也担心个人的情感影响了专业的判断，于是请同事帮忙试吃，还特别商请一名在法国待了半年的副主厨提意见，结果大伙的意见不一。后来我就食材、面粉、造型，足足调整了半年。光是寻找合适的桂圆，就跑遍了许多地方，最后是王冠尧先生，也是把我推向世界面包舞台的贵人，替我找到台南县东山地区的桂圆干做面包。我从此才知道农民们是因为龙眼[①]采收期短、贩售不完，才想到以制干的方式来保存，但熏制龙眼干必须以每年修枝下来的龙眼木晒干后当燃料，六天五夜不断火，甚至人还要搭帐篷睡在窑炉旁。这是深具台湾人情与特色的文化和味道。

编者注

① 桂圆即龙眼，后者为学名。

一开始求好心切，想用最好的日本精致面粉来做这款酒酿桂圆面包，但面粉中的灰质含量低，做出来的口感太细，也无法呈现出桂圆的风味，不符合欧式面包粗犷的特色；也曾加了过多的盐，导致口感太咸，桂圆的甘味也被盖过；还因为老面放了太多，口味太酸，让面粉过发而容易老化。

配方的调整、老面的增减、时间的调配和外形塑造，做面包的这一切就像是做实验，一点点变化都会影响最后的呈现；即使同样的配方，分割成五百克一块和一千克一块的口感都会不同。这是面包师傅最大的挑战，也是最好玩的地方。这段期间，我练习了几百个小时，做出了成千上万个面包，要感谢当时每一个担任“人体试验”的朋友们。

我小时候不爱念书，作业通常都没写完，而那段准备参赛的时期，是我这辈子最认真“写作业”的时候。我有一本“面包笔记”，把当时每一个过程都详实记录下来，里面有九百九十九种失败的配方、难看的造型，而它们全是为了求得最后那一次最完美组合的功臣。至今我仍珍藏着这本破旧的笔记，它是我流汗流泪、掏心掏肺的见证，也是最亲密的战友。

台湾制造，世界发光

2007 年，吴宝春团队一举拿到亚洲杯[①]冠军，取得前进世界杯[②]的资格，大家有志一同，许下要朝世界冠军前进的梦想，那种梦想发酵的感觉，真的很美好。不过，因为台湾地区的队伍是第一次进军世界杯，支援不足，连随队的翻译都没有。2008 年的比赛，我们虽然一举夺下亚军，但比赛时大会请的翻译，竟然把“桂圆”翻译成“樱桃”，樱桃在欧洲是很普遍的水果，评审尝了面包后，都知道那根本不是樱桃，直接把翻译请下台。没能把“酒酿桂圆”面包的构想缘由、感念母亲的创意概念传达清楚，迄今让我无法释怀。我也因此觉得，语言是和世界沟通并展现自己的最重要的工具，现在我的店里，都会请外语老师免费为员工上课，无非就是希望年轻的同仁能拥有良好的语言工具。

2008 年的世界杯赛事拿到第二名，让我取得两年后个人大师赛[③]的比赛资格。这回，我选择用荔枝玫瑰当素材，灵感则是来自让我初次享受世界级荣耀的法国。

我每到一个国家或地区旅行或进修，最喜欢逛当地的超市或市集，那是充分反映当地文化和生活态度的地方。在 2008 年比赛的空当，我去逛了法国当地的超市和市集，发现到处都在卖荔枝干，才知道原来法国人嗜吃荔枝。

但法国进口的是南非荔枝，又瘦又干，不甜又没水分。我心里狐疑：“为什么法国不进口台湾的荔枝，那可是比南非的要好吃千万倍。”当下暗自立誓：“2010 年，再回到法国比赛时，一定要让法国人吃到真正好吃的台湾荔枝。”

回台湾后我马上投入研发这款新面包。新鲜荔枝不能做面包，一样得用果干，但荔枝的品种很多，有玉荷包、黑叶、糯米，制干后的口感和风味都不同。我试过不同品种，最后觉得糯米品种做的荔枝干，甜味适中、纤维细致，味道最对。

但要把荔枝干的味道释放出来，需要靠酒再浸泡。一开始使用的是小米酒，似乎和荔枝的气味不合，最后找到一款荔枝酒，将荔枝干浸泡后，果真更能让荔枝的风味加乘。对于玫瑰，在食材达人徐仲的介绍下，找到南投埔里种植的无毒可食用的玫瑰“玫开四度”，口感和风味都不输海外品种，这才让荔枝玫瑰组合到位。

虽然当时不少好朋友都替我担心，用欧洲人最熟悉和擅长的食材挑战欧洲人，风险太大了，但我信心十足，“如果真的失败了，是我自己技术的问题，不会是食材的问题。”我相信，自己的技术和台湾小农用心栽培的食材，都不会输人。

果然，2010 年参赛时，欧洲的评审一尝，觉得面包里的果干味道很熟悉，却又不知道是什么，经过解释，评审才恍然大悟，原来是他们喜爱的荔枝，但风味却胜过法国荔枝千百倍。是台湾的好果、好味，把我推向一直期许自己做到的“世界第一”，我也一直期许自己，要尽一切的可能，协助当地小农。

台湾可以运用在面包上的果干很多，如芒果干、香蕉干等，我已逐步采用。未来要开发更多的本地果干素材，持续用最美味的台湾水果做出最美味的面包。这几年，我走入小农的世界，对台湾农业丰厚的底蕴更深具信心，如果由烘焙业带头，结合农民们的用心种植、加工，造成一个共荣的环境，将是非常值得期待的。

编者注

路易·乐斯福杯赛（Louis Lesaffre Cup，简称 LLC）、烘焙世界杯赛（Coupe du Monde de la Boulangerie）、烘焙大师赛（Masters de la Boulangerie）是成系列的 3 个比赛，以 4 年为一周期。

烘焙世界杯于 1992 年由法国面包大师克里斯提恩·瓦勃烈（Christian Vabret）发起，在法国巴黎烘焙展（Europain Show）期间举行。比赛形式是团体赛，每支队伍由 3 人组成，分别负责欧式面包、甜面包和艺术造型面包。现为每 4 年举行一届。

从 2003 年开始，烘焙世界杯的预选阶段的比赛由路易·乐斯福酵母公司承办，此阶段比赛也有了专门的名字——路易·乐斯福杯赛。路易·乐斯福杯赛在全球范围经过层层选拔，最终决出全球各大区域各自的冠军（现全球区域的划分为：亚太、欧洲、美洲、非洲 / 中东）。

在上届烘焙世界杯获得前 3 名的 3 支队伍所代表地区免预赛获得下届烘焙世界杯的参赛权，此外烘焙世界杯还有 9 个参赛名额，赋予在路易·乐斯福杯赛中决出优胜成绩的队伍中的 9 支。

烘焙大师赛是个人赛，其参赛权主要赋予在烘焙世界杯赛以及路易·乐斯福杯赛中表现优异的选手（也有少量外卡）。即使选手所在队伍在上述团体赛中没有获得优胜成绩，其本人也有可能获得参赛权。烘焙大师赛于 2010 年才举办第一届，冠军按欧式面包组、甜面包组和艺术造型面包组分 3 个。吴宝春即于第一届上获得欧式面包组冠军，当时共有 24 名参赛选手，每组 8 名。

左页的正文中：

① 即路易·乐斯福杯赛（Louis Lesaffre Cup）亚太区赛。

② 即烘焙世界杯赛（Coupe du Monde de la Boulangerie）。

③ 即烘焙大师赛（Masters de la Boulangerie）。

（以上内容主要参考自路易·乐斯福杯官网 http://www.coupelouislesaffre.com/）

荔枝玫瑰面包

环 境

室内温度 26~28℃

中种面团材料

水手牌特级强力粉 … 1726 克 46.8%
蛋白质：12%~13% 灰分：0.38%~0.40%
水分：14% 以下 湿筋度：34.5%~36.5%
鲁邦种老面 ………… 300 克 8.1%
（做法见第 214 页）
荔枝酒 ……………… 150 克 4%
水 …………………… 900 克 24.4%

制 程

- 搅拌（完成时面团温度为 20℃）。
- 基本发酵 12 ~ 15 小时，环境温度 10℃。

主面团材料

中种面团 ……………… 全量
乌越铁塔面粉 …… 1500 克 40.6%
成分：加拿大一级春麦、九州小麦、美麦 蛋白质：11.9% 灰分：0.44%
水手牌特级强力粉 … 465 克 12.6%
麦芽精 ……………… 18 克 0.5%
水 ………………… 1330 克 36%
盐 …………………… 44 克 1.2%
鲜酵母 ……………… 45 克 1.2%
核桃 ……………… 370 克 10%
荔枝干 ……………… 800 克 21.6%
可食用玫瑰干花瓣 …… 4 克 0.1%
荔枝酒 ……………… 110 克 3%
（荔枝干、玫瑰干花瓣须先用 110 克荔枝酒一起浸泡 12 小时备用。）

制 程

- 搅拌（完成时面团温度为 24℃）。
- 第一次基本发酵 60 分钟。
- 翻面。
- 第二次基本发酵 30 分钟。
- 分割。
- 中间发酵 30 分钟。
- 整形。
- 最后发酵 50 分钟。
- 烤焙。

做 法

1. 中种面团搅拌

将特级强力粉、鲁邦种老面、荔枝酒、水倒入搅拌机。

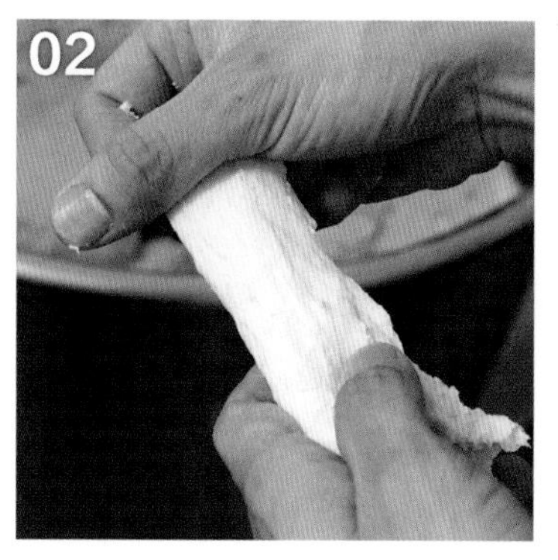

慢速搅拌 4 分钟，再快速搅拌 1 分钟，直到看不到粉状面粉，面团温度为 20℃。

做 法

2. 中种面团基本发酵

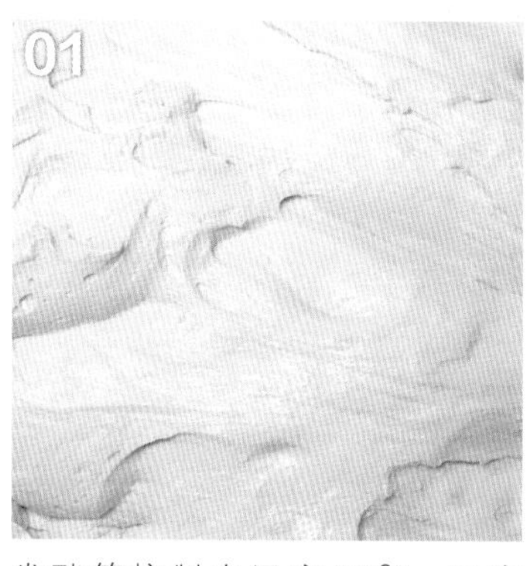

发酵箱控制在温度 10℃、湿度 60%，将面团放入 12 ~ 15 小时。

做 法

1. 主面团搅拌

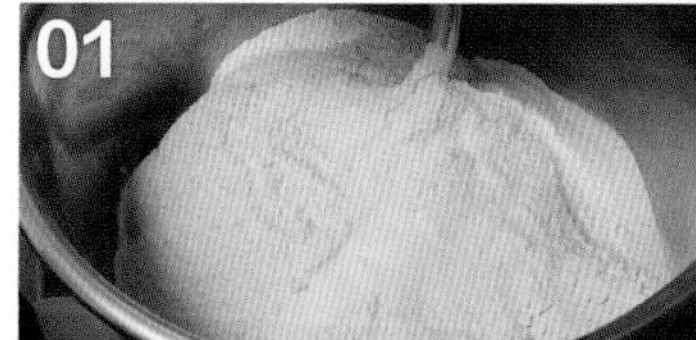

完成发酵的中种面团和特级强力粉、鸟越铁塔面粉、盐一起放入搅拌机，再将麦芽精与水的混合溶液倒入。

慢速搅拌 2 分钟，即加入鲜酵母，再持续慢速搅拌 4 分钟。

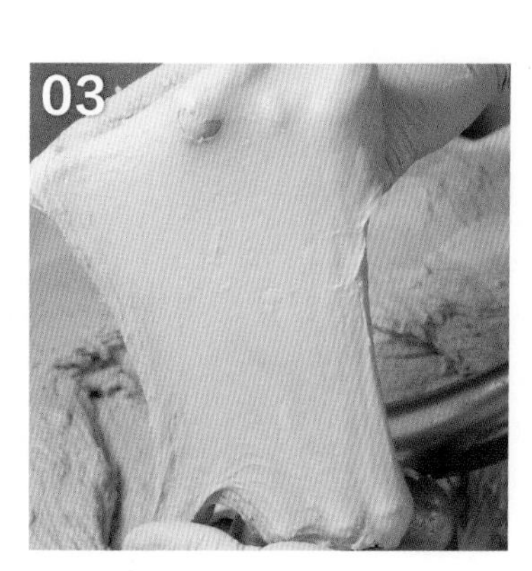

再快速搅拌 2 分钟。

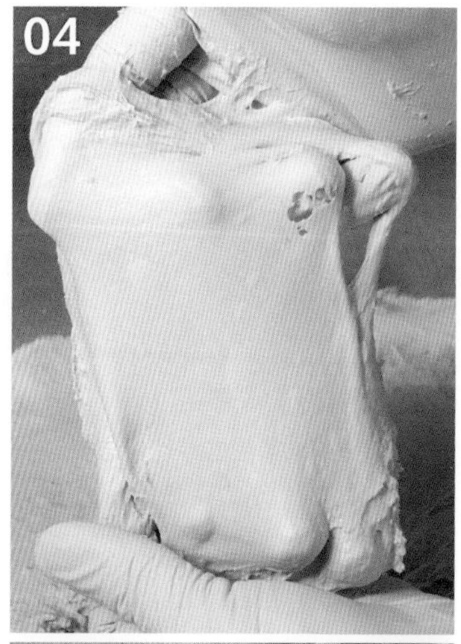

加入荔枝干、玫瑰干花瓣、核桃后，再慢速搅拌 1 分钟，确认果干和面团完全拌匀，面团温度为 24℃。

做 法

2. 主面团发酵

进行第一次基本发酵：发酵 60 分钟。

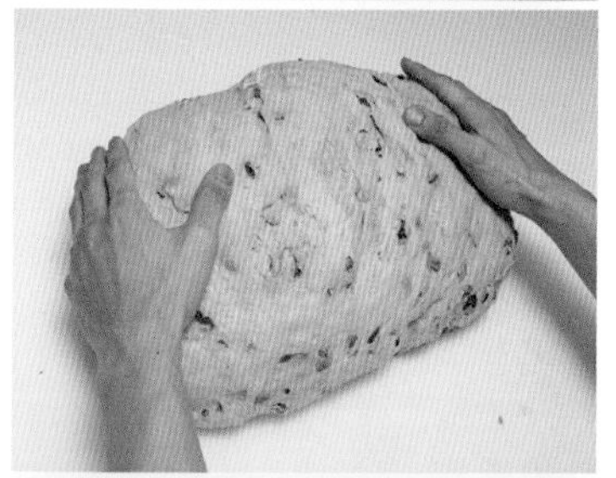

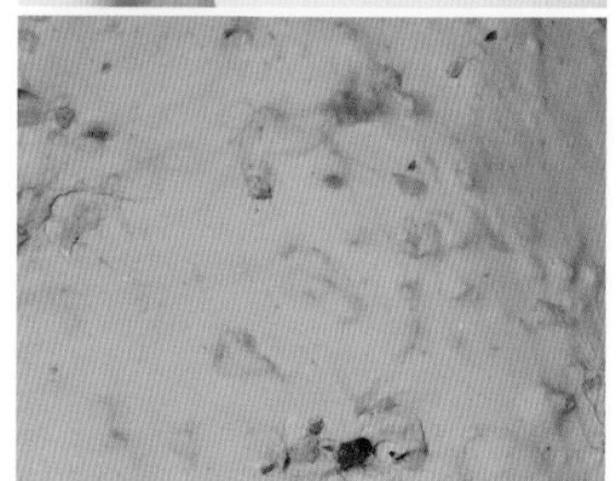

翻面（技巧见第 24 页）后，进行第二次基本发酵 30 分钟。

做 法

3. 主面团分割

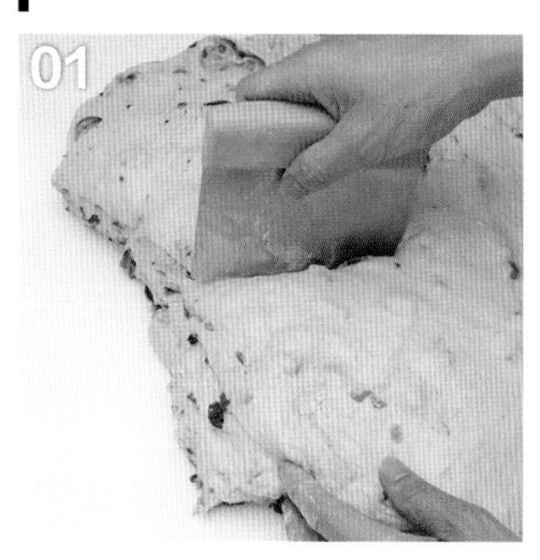

将主面团分割，每块为 1 千克重。

分割后滚圆。

进行中间发酵：发酵 30 分钟。

做 法

4. 主面团整形

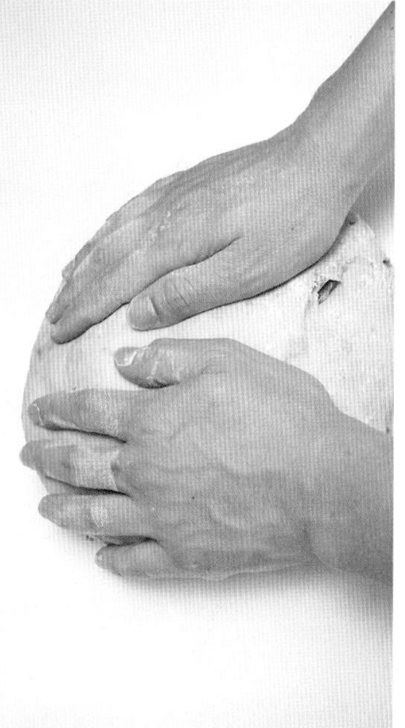

将发酵后的面团揉成圆形，再轻轻拍打出 2/3 的空气。

做 法

5. 主面团烤焙

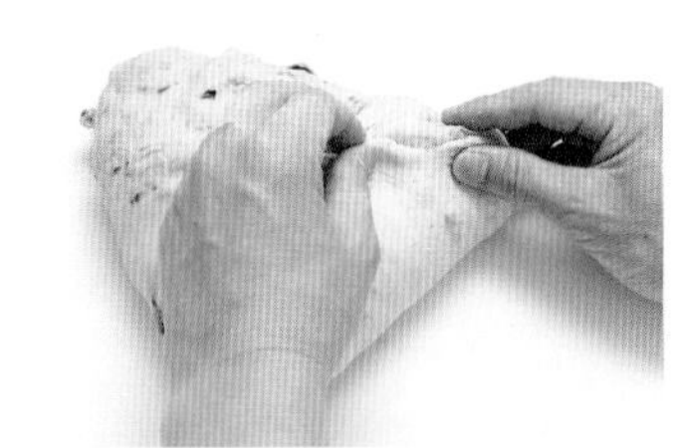

将面团上下两边拉起捏合，再将底边拉起捏合，塑成一个三角形。

放入发酵木箱，以常温 28℃进行最后发酵 50 分钟。

将图案铁模置于面团上，洒上面粉。

用划刀在面团左右轻划两刀。

开启烤箱蒸汽5秒，然后将面团送入烤箱，以上火220℃、下火220℃烤38分钟。

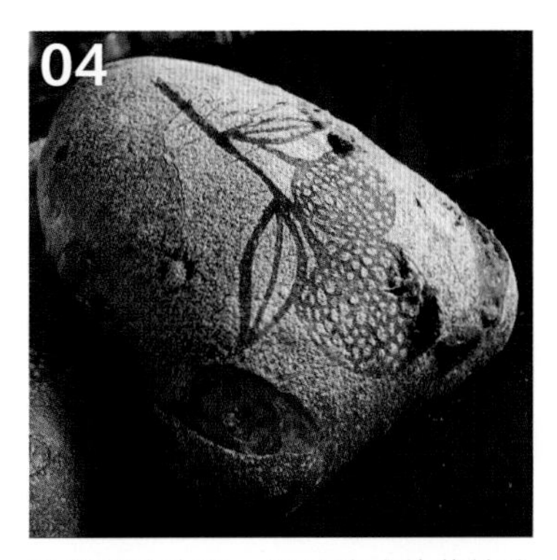

味觉层次丰富、深具美感的荔枝玫瑰面包。

酒酿桂圆面包

编者注

作者在“米熊”视频平台上有本款面包的教学课程，读者可用微信扫描右侧二维码收看，全程 1 小时 41 分钟，全价格 99 元。

环 境

室内温度 26~28℃

中种面团材料

黄骆驼高筋面粉 …	1400 克	46.6%
蛋白质：12.6%~13.9% 湿筋度：35%~38.5%		
鲁邦种老面 …………	300 克	10%
（做法见第 214 页）		
红葡萄酒 ……………	450 克	15%
葡萄菌水 ……………	450 克	15%
（做法见第 208 页）		

制 程

- 搅拌（搅拌完的面团温度为 24℃）。
- 基本发酵 12 ~ 15 小时，环境温度 20℃。

主面团材料

中种面团 ……………	全量	
黄骆驼高筋面粉 …	1600 克	53.3%
熟小麦胚芽粉 ………	40 克	1.3%
水 …………………	1070 克	35.6%
甘蔗糖蜜 ……………	30 克	1%
盐 …………………	36 克	1.2%
鲜酵母 ……………	45 克	1.5%
核桃 ………………	350 克	11.6%
桂圆干 ……………	700 克	23.3%
红葡萄酒 ……………	110 克	3.6%
（桂圆干需先用红葡萄酒浸泡 12 小时备用）		

制 程

- 搅拌（完成时面团温度为 26℃）。
- 第一次基本发酵 60 分钟。
- 分割。
- 中间发酵 60 分钟。
- 整形。
- 最后发酵 60 分钟。
- 烤焙。

做 法

1. 中种面团搅拌

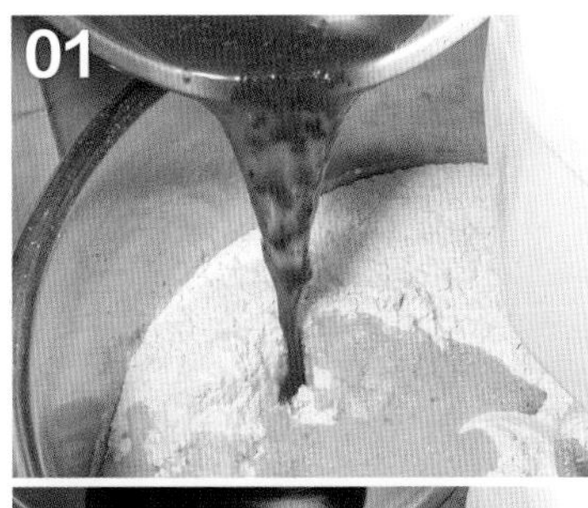

将高筋面粉、鲁邦种老面、红葡萄酒、葡萄菌水倒入搅拌机。

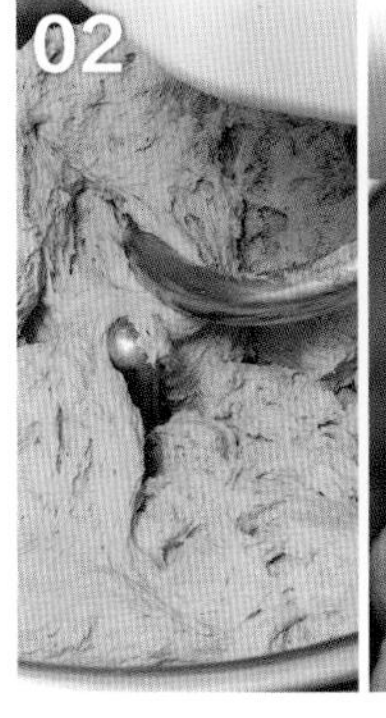

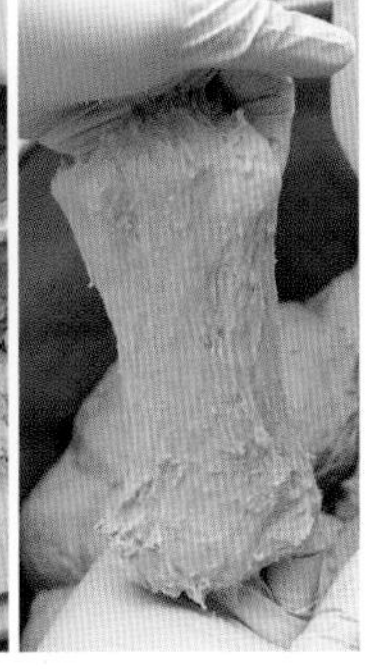

慢速搅拌 4 分钟，再快速搅拌 1 分钟，直到看不到粉状面粉，面团温度为 24℃。

做 法

2. 中种面团基本发酵

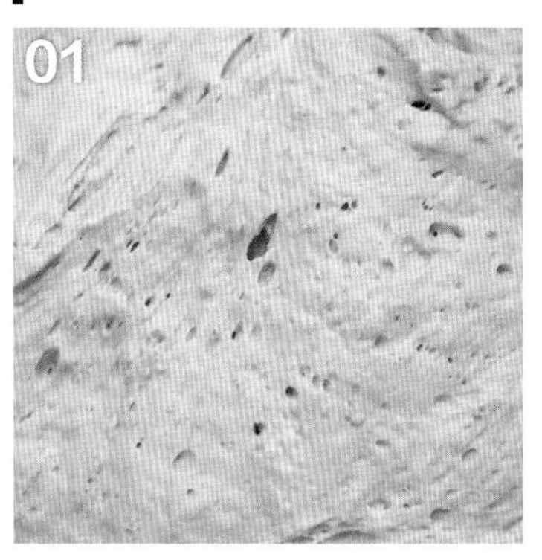

发酵箱控制在温度 20℃、湿度 60%，将面团放入 12 ~ 15 小时。

做 法

1. 主面团搅拌

完成发酵的中种面团和高筋面粉、熟小麦胚芽粉、甘蔗糖蜜、盐、水一起放入搅拌机。

慢速搅拌 2 分钟，即加入鲜酵母，再持续慢速搅拌 4 分钟。

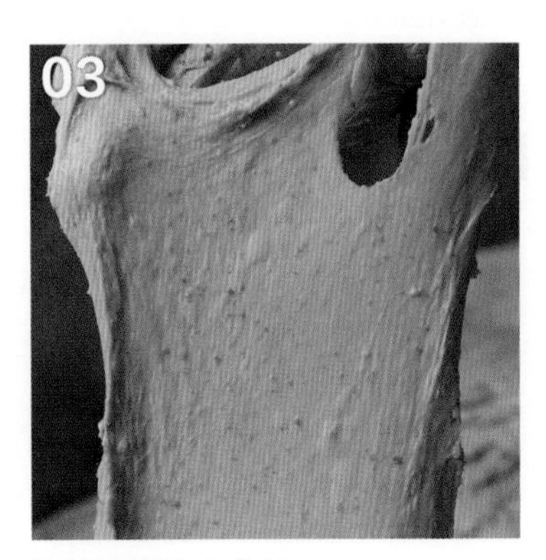

再快速搅拌 1 分钟。

加入桂圆干、核桃后，再慢速搅拌 1 分钟，确认果干和面团完全拌匀，面团温度为 26℃。

做 法

2. 主面团发酵

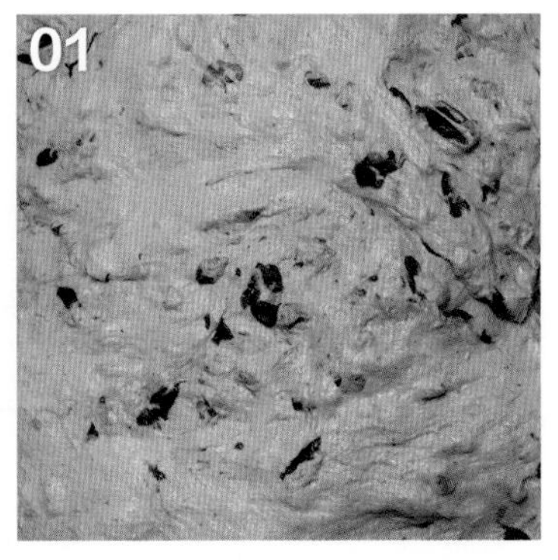

进行第一次基本发酵：发酵 60 分钟。

做 法
3. 主面团分割

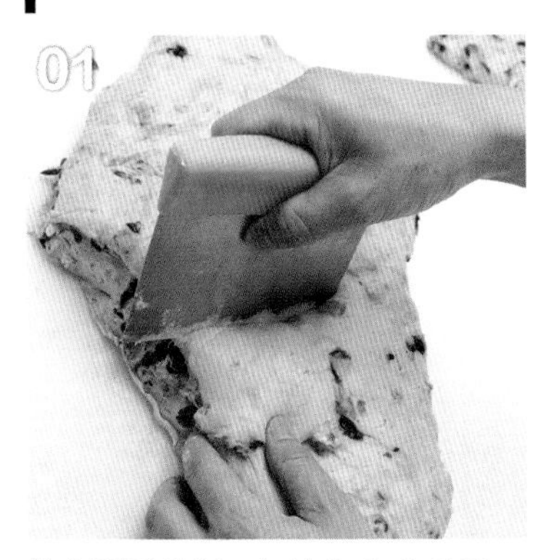

将主面团分割，每块为 1 公斤重。

进行 60 分钟中间发酵。

做 法
4. 主面团整形

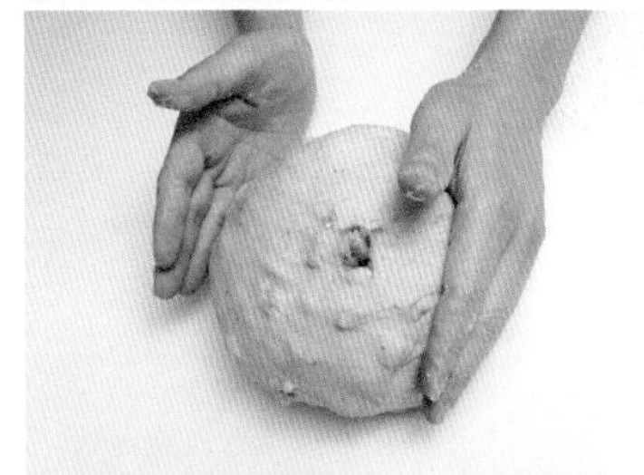

以手掌包住面团，轻轻滚圆。
而后放入发酵箱中进行 60 分钟最后发酵。

做 法
5. 主面团烤焙

将图案铁模置于面团上，洒上面粉。

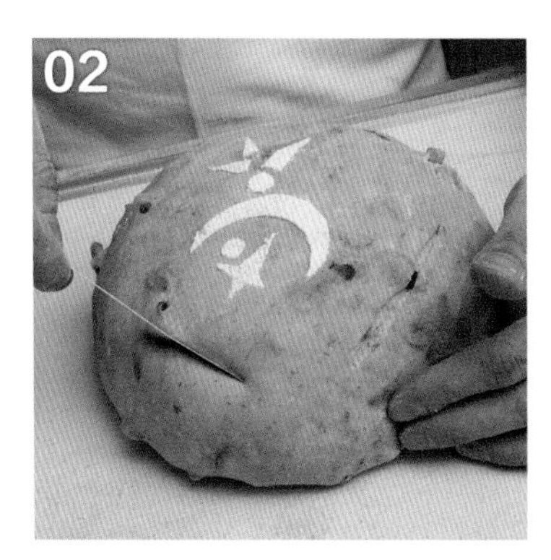

用划刀在面团四角轻划四刀。
开启烤箱蒸汽 5 秒，将面团送入烤箱，以上火 195℃、下火 195℃烤 38 分钟。

充满情感与温度的酒酿桂圆面包。

老面的制作方式

老面是发酵种之一，在面粉加水揉和成的面团中，不是加高发酵力的一般酵母而是加入天然酵母或是乳酸菌，让它自然发酵完成。这是面包师傅的魔法调料，每个人都可尝试混合不同种类的酵母菌和乳酸菌。像我养的老面就有五六种，菌种方面有用葡萄干、小麦、裸麦等做各种的尝试。

我曾经在法国的旅馆浴室里，为了控制养老面的环境温度，把浴缸放满热水来调节室温，这样细心呵护老面的程度，就像照顾新生儿一样。而加入老面制作的面包风味，散发出微量的酸味与甘甜，口感非常迷人而特殊。我的两款冠军面包，都是用鲁邦种的老面来制作的，鲁邦种老面是由葡萄干菌种和小麦混合培养出来的，不过风味会因各人所用培养材料的比例不同而略为不同，这就是老面的迷人之处。

烫面

材 料

黄骆驼高筋面粉 …………… 900 克
蛋白质：12.6%~13.9%　湿筋度：35%~38.5%
籼米粉[①] …………………… 100 克
砂糖 ………………………… 100 克
盐 …………………………… 5 克
水 ………………………… 1500 克

编者注

① 籼米粉经常也被叫作粘米粉。籼米就是我们常吃的大米中颗粒较细长的一种，在台湾也叫“在来米”。此处繁体版原文为“在来米粉”。

做 法

将高筋面粉、籼米粉、砂糖、盐等材料混合均匀后，倒入搅拌机，再加入烧开的水。先慢速搅拌 1 分钟，再快速搅拌 1 分钟。

在室温中冷却后，置于冰箱冷藏，至次日才能使用。

宝春师傅叮咛

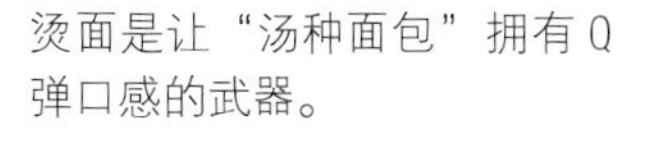

烫面是让“汤种面包”拥有 Q 弹口感的武器。

葡萄菌水

材 料

砂糖 ………………………… 250 克
葡萄干 ……………………… 500 克
水 ………………………… 1000 克
麦芽精 ……………………… 1 克

做 法

将水煮沸后，降温至 30℃。把砂糖、葡萄干、麦芽精等材料倒入水中搅拌。

第 1 天的葡萄菌。

材料拌匀后以保鲜膜封盖，但保鲜膜上需戳洞，让葡萄菌呼吸。
将材料放置在 28℃的室温下，培养一周，每日早晚各摇晃一次，让水与葡萄菌种混合，确保葡萄菌种吸收到养分。

第 7 天的葡萄菌。培养满 168 小时（7 天）之后，立刻将葡萄菌水倒出使用。
未使用完的葡萄菌水，要以 5℃冷藏保存，七天内使用完。剩余的葡萄干渣，可作为有机肥使用。

宝春师傅叮咛

葡萄干中的葡萄菌就像是“小贝比”一样脆弱，所以培养的过程要小心翼翼，全程都要保护小贝比不受污染，不仅所有器皿都要消毒，操作时也要戴上手套，不让其他菌种影响了葡萄菌的发育。

星野酵母生种

环 境

室内温度 26~28℃

材 料

黄骆驼高筋面粉

蛋白质：12.6%~13.9%
湿筋度：35%~38.5%

葡萄菌水（做法见第 208 页）

水

制 程

第一天 高筋面粉……………500 克
葡萄菌水……………500 克
面温 24℃，静置 2 小时
↓
以 5℃冷藏不少于 12 小时

第二天 取第一天的原种…1000 克
高筋面粉……………500 克
水……………………500 克
面温 24℃，静置 1 小时
↓
以 5℃冷藏不少于 12 小时

第三天 取第二天的原种…1000 克
高筋面粉……………500 克
水……………………500 克
面温 26℃，静置 1 小时
↓
以 5℃冷藏不少于 12 小时

第四天 取第三天的原种…1000 克
高筋面粉……………500 克
水……………………500 克
面温 26℃，静置 1 小时
↓
以 5℃冷藏不少于 12 小时

第五天 取第四天的原种…1000 克
高筋面粉……………500 克
水……………………500 克
面温 26℃，静置 1 小时
↓
以 5℃冷藏不少于 12 小时

做 法

1. 搅拌

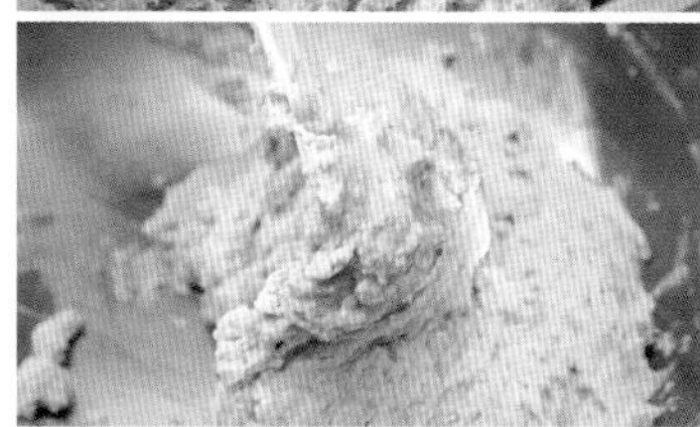

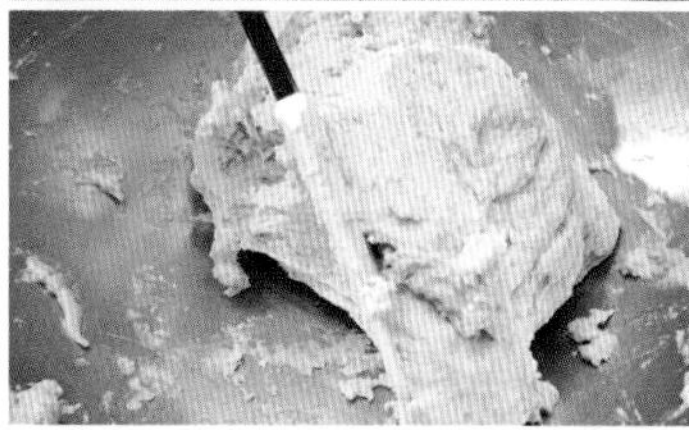

第一天，取高筋面粉 500 克与葡萄菌水 500 克搅拌均匀，搅拌后的面团温度为 24℃，在室温下静置 2 小时后，放入 5℃的冷藏室不少于 12 小时。
第二天，取第一天的原种 1000 克，加入 500 克的高筋面粉，以及 500 克的水，搅拌均匀，搅拌完的面团温度为 24℃。在室温静置 1 小时后，放入 5℃的冷藏室不少于 12 小时。
往后的几天，都比照第二天的量及做法，唯独搅拌完的面团应为 26℃，养到第五天，即可开始使用。此鲁邦种老面可以按第五天的制程方式一直续养下去。

宝春师傅叮咛

1. 鲁邦种老面是需要培养的，而且要养五天以上才可以使用。酵母在起种时量比较少，愈养才会愈有活力。酵母量足够，做出来的面包才会好吃。
2. 使用鲁邦种老面时，记得不要一次就用完，保留部分的原种一直续养，就可以长久使用了。

面包的馅料

加馅面包，是面包师傅走上创造之路最困难的一道关卡，它不仅考验师傅做面包的功力，还考验对食材的素养；它不是“1+1=2”的算术，而是要创造出“1+1=100”的艺术，让两种食物合而为一，又能碰撞出无限的新意。

它就像做媒一般，把两个好的人撮合在一块儿，不一定成就一段好的姻缘；做媒要功德圆满，要能找到两个合适的人配对才行。确实，替面包找内馅，就是这么复杂的工作。要不厌其烦寻觅、尝试、排列组合，不只是面团的风味和内馅食材是否对味而已，甚至面团大小、食材馅料的多寡，只要差一点点，就可能不到位。

当我有创造新产品的灵感时，首先会想到：“这款面包要给谁吃？”先把目标族群锁定，然后才能决定口感要软还是硬，内馅该甜还是淡，需要饱满还是浅止。譬如给孩子吃的面包，适合软一些；给女性吃的面包，就不能太腻口。然后，我会将组合的面团和内馅，分别分成大、中、小，展开配对组合，不断进行试吃，直到试吃的人愿意“一口接一口”，让人吃得顺口，才表示配对成功。

以我近年创作的“芒果贝果”为例，起初只是缘于一个“台湾芒果真是好吃，我一定要为它设计一款面包”的单纯念头；接着要拿下水果保存、还原的技术；然后又是一连串的面包配对、试吃，历经大约半年的时间，才完成创作。

首先，芒果一年一产，若要变成面包产品，必须先解决供需的问题，于是想到将芒果烘成果干，如此产品生产后便不受季节限制。然而，芒果烘成果干后，又出现新的问题，即口感变硬，直接使用在面包上，烤焙后会更硬、更干，失去香气。所以还必须把果干的风味“还原”。

几年前去法国比赛时，观察到他们用无花果干做面包，会先以红葡萄酒浸泡，于是先依样画葫芦仿照；不料，芒果香气强烈，红葡萄酒个性浓郁，结果两个味道强碰强，反而呈现不出芒果原本的风味。后来换用白酒，试了后发现，白酒的清香才能烘托出芒果的果香，于是，白酒雀屏中选。

芒果的内馅定调了。更大的工程是，为它寻找完美的“另一半”。

我为它找的第一个伴侣是法国面包。法国面包所用是我很喜欢的面团，是世界主流面包，搭上我们台湾水果天后，原想应是天作之合。实际撮合之后，和理想中完全不同，法国面包是碱性，芒果也是碱性水果，无法互补、中和，芒果把法国面包的麦香压下去，两者完全不来电。

直到有一回，我到日本考察，看到一家热门的贝果小店，开发了无数包馅的贝果，给了我新的刺激。返台后开始尝试增加贝果系列，也选择让我心爱的芒果馅料和贝果进行配对。

一开始担心馅料太多、爆浆，只在内馅位置涂了一点点，结果完全没有香气；最后想到，兼具口感和香气，又不致内馅爆破，可以由芒果泥再加上浸酒后的芒果干丁提味，果然试出好味道，现在是店里最受欢迎的产品之一。我心里还真是有种促成一对佳偶的欣慰和骄傲。

不断寻求突破、创作出美味面包，是全世界烘焙师傅自我砥砺的目标。我曾听说，日本一个面包师傅，为了做出心中最美味的咖喱面包，寻遍了国内外各式洋葱，最后试了七个品种的洋葱，不断试吃、对决、评比，才创造出他心目中理想的咖喱面包。我们都知道，即使经历一千次只能独饮的失败苦酒，只要有一次的成功，就可能成就一款能传世的味道！

奶酥馅

材料

全脂奶粉 …………………… 360 克
糖粉 ……………………… 135 克
全蛋液 …………………… 150 克
无盐黄油 ………………… 270 克

做法

将糖粉和无盐黄油倒入搅拌机，开始搅拌。

搅拌均匀后，将全蛋液慢慢、分次加入，持续搅拌。

为了烤出细致的奶酥，无盐黄油、全蛋液必须完全融合。

紧接着倒入全脂奶粉，此时要改用手搅拌。当表面呈现光滑的面糊状即完成。

宝春师傅叮咛

制作奶酥馅时，诀窍在于蛋汁的融合度，因此制作时温度不能太低，要保持在 28℃，才能让油水不致于分离。

菠萝皮馅

材料

全脂奶粉 …………………… 45克
糖粉 ………………………… 240克
全蛋液 ……………………… 150克
无盐黄油 …………………… 270克

做法

01 将糖粉和无盐黄油倒入搅拌机，开始搅拌。

02 搅拌均匀后，将全蛋液慢慢、分次加入，持续搅拌，无盐黄油、全蛋液必须完全融合。

03 紧接着倒入全脂奶粉，此时改用橡皮刮刀搅拌均匀。

明太鱼子馅

材料

无盐黄油 …………………… 327 克
明太鱼子酱 ……………… 300 克
柠檬汁 …………………… 16 克
日式山葵沙拉酱[①]………… 81 克
美乃滋沙拉酱 …………… 81 克

做法

将所有材料混合，搅拌均匀即可。

宝春师傅叮咛

加柠檬汁可以去除明太鱼子的腥味；微微辛辣的山葵沙拉酱则具提味作用，让明太鱼子味道更跳出；无盐黄油则可让酱料更滑顺，口感不致太咸。

编者注

① 本处作者使用的山葵沙拉酱是纯白色状产品。

关于食材山葵、芥末、辣根：

山葵是昂贵、优质的食材。作为调料用的山葵酱取用的是植物的根茎，经研磨而成，呈绿色，辣味清新而柔和，同时也易挥发，所以最好是现磨现吃。将山葵叶用盐醋酱汁腌制过夜后可制成山葵沙拉。

芥末和辣根均是为了替代山葵而开发的食材。

芥末取用的是植物的种子，呈黄色。

辣根取用的是植物的根部，其辣味浓重而刺激，呈淡黄色。

市场上经常可以买到的一些“芥末酱”，实际上是以辣根为主料，加绿色素（仿山葵酱形象）而成。

克林姆馅

材料

鲜奶 …………………… 1000克
砂糖 …………………… 320克
动物性稀奶油 …………… 256克
低筋面粉 ……………… 76克
玉米粉 ………………… 64克
无盐黄油 ……………… 32克
全蛋 …………………… 384克

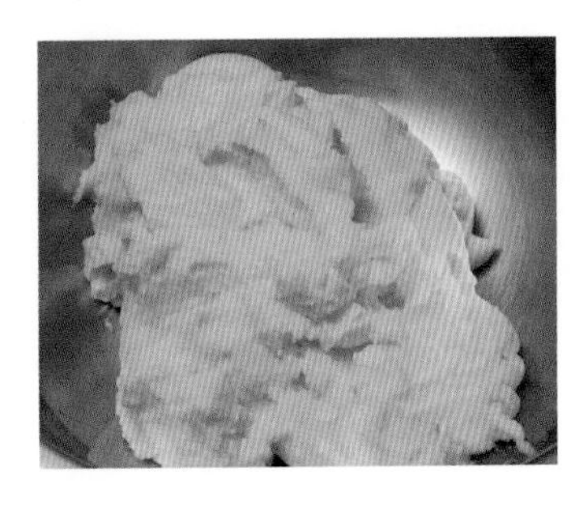

做法

01 将鲜奶及动物性稀奶油以中火加热煮开，再加入一半分量的砂糖及一半分量的无盐黄油，搅拌均匀。

02 另取一锅，将全蛋及另一半砂糖打匀，加入过筛后的低筋面粉和玉米粉，一起搅拌。

03 先将做法01煮过的鲜奶的一半分量，倒进做法02的面团内拌匀，再将剩余一半的鲜奶倒入，继续搅拌。

04 将拌匀后的面糊过筛，筛掉未拌匀的颗粒粉和蛋膜，确保最后克林姆馅的成品细致滑顺。

将做法 04 的面糊边加热，边快速搅拌至起泡。

加入另一半分量的无盐黄油，拌匀。

以冰块隔水急速将上述面糊冷却至常温，再放入冷藏库保存。

宝春师傅叮咛

当克林姆馅煮好，必须急速冷却，放入冷藏库保存，因为在常温下很容易滋生细菌。

芒果泥

材料

芒果干 ························ 200 克
白酒 ··························· 100 克

做法

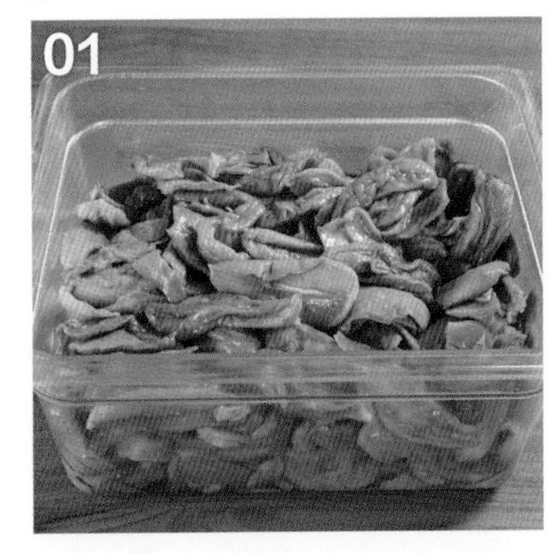

将白酒与芒果干以 1：2 的比例，浸泡 3 天。

把浸酒后的芒果干放入果汁机打成泥。

酒渍半干香蕉丁

材料

半干香蕉丁 ……………… 100克
白酒 ……………………… 10克

注：半干香蕉丁的做法是，将香蕉切片成1～1.5厘米厚，用食物风干机以40℃烤1～2天。

做法

01

将白酒与半干香蕉丁以1：10的比例，浸泡12小时。

杏仁泥

材料

糖粉 ………………………… 100 克
无盐黄油 ………………………… 260 克
全蛋液 ………………………… 100 克
杏仁粉 ………………………… 360 克

做法

将所有材料放入钢盆内搅拌均匀即可。

南瓜泥

材料

南瓜 ························ 1000 克
砂糖 ························ 80 克
蛋黄 ························ 55 克
动物性稀奶油 ················ 50 克
奶油奶酪（Cream Cheese）··· 80 克

做法

将南瓜和砂糖放入烤盘，搅拌均匀，为了避免南瓜烤焦，再以另一烤盘加盖，送入烤箱以上火200℃、下火200℃烤20分钟左右至熟。

将烤好的南瓜加入蛋黄、奶油奶酪、动物性稀奶油后搅拌。

送入烤箱，以上火180℃、下火180℃烤到汤汁收干即成。

白酱

材料

黄骆驼高筋面粉 ………… 100克
蛋白质：12.6%~13.9%　湿筋度：35%~38.5%

伊斯尼[①]黄油 ……………… 100克

伊斯尼稀奶油 …………… 100克

鲜奶 ……………………… 1000克

白胡椒粉 ………………… 0.1克

盐 ……………………………… 6克

做法

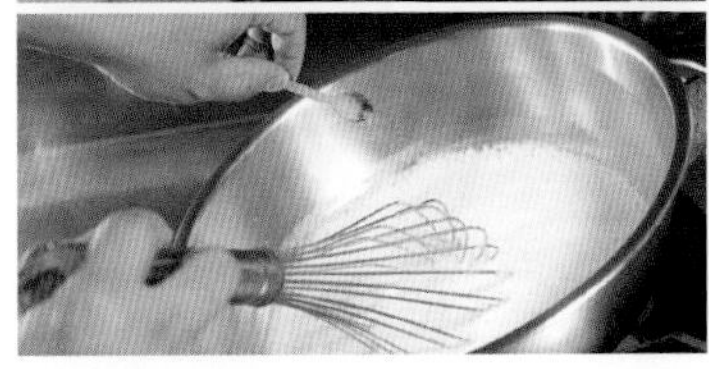

将伊斯尼稀奶油、鲜奶混合，加热煮至沸腾后，加入盐、白胡椒粉。

另起一锅盛伊斯尼黄油，小火融化后，加入面粉，慢慢搅拌成面糊。

将煮沸并完成调味的鲜奶（做法01）分两次慢慢倒入面糊（做法02）中搅拌均匀。

搅拌完成的白酱，冷却后放入5℃冷藏室至隔天凝固，才能使用。

编者注

① 品牌英文名Isigny，系法国乳业品牌，产品以当地优质牛奶制成。

奶油馅

材料

无盐黄油 ·················· 1000克
炼奶 ·························· 500克
砂糖 ·························· 250克

做法

无盐黄油与砂糖一同拌匀，再加入炼奶拌匀。

半干小番茄

材料

圣女小番茄 ………………… 1000克
橄榄油 ……………………… 7克
盐 …………………………… 1克

做法

将圣女小番茄淋上橄榄油，撒上盐。

烤箱预热至100℃，关掉炉火，送入圣女小番茄以余温烤8小时，若收干程度未达理想，重复前面预热关火动作(烤干程度依各人所需)。

葱花馅

材料

蛋白液 ························ 200 克
橄榄油 ························ 200 克
盐 ································ 12 克
白胡椒粉 ························ 4 克
葱花 ························· 1350 克

做法

将蛋白液、橄榄油、盐、白胡椒粉混合均匀。

倒入葱花中拌匀，即可使用。

怎样吃出面包的最佳风味

如果面包没办法当天吃完，该怎么办呢？针对不同的面包，以下提供几个方法，就可以延续面包的美味。

冠军面包、欧式面包及贝果

一、保存

（一）新鲜食用：出炉后置于常温下，两天内皆可食用。

（二）冷冻储存：两天后未食用完毕，放入冷冻室储藏。

（三）保存技巧：先将面包切成每次会食用的大小，逐块以密封包装，再置入冷冻室。

二、回烤

（一）回温：由冷冻室取出所需食用的面包份量，放置室温下三十分钟，让面包回温。

（二）加热：

1. 烤箱烘培法：

（1）将烤箱以 150℃预热 5 分钟。

（2）以适量的水喷洒面包外皮（勿喷到面包切面）。

（3）放入烤箱以 180℃微烤即可食用。

2. 电饭锅蒸煮法：

（1）将厨房纸巾喷湿后，铺在电饭锅底部。

（2）将面包以盘子装盛，放入电饭锅。

（3）按下电饭锅开关，约 3 分钟后即可食用。

台式甜面包

这类面包因大多有包内馅、含水量较高，冰冻回温后内馅水分易被面包体吸收，让面包失去原味，故建议常温下最多保存二十四小时，趁新鲜食用完毕。

吐司

由于切片后会迅速干燥、裂化，所以最好是以密封面包袋包好，再放入冷冻室保存。

（一）回温：由冷冻室取出，常温退冰。

（二）加热：

1. 短时间加热面包，可以让面包保有酥松的外皮和松软的内层，所以记得要用预热好的烤面包机回烤。

2. 回烤后可以直接食用，或抹奶油、果酱搭配。

宝春师傅叮咛

晚上煮饭时，也可以等饭煮熟后，将已回温的面包置于米饭上，约 3 分钟后取出，即可食用。这是一兼二顾的面包省电加热法。

图书合同登记号：图字132016059

图书在版编目（CIP）数据

吴宝春的面包秘笈 / 吴宝春著. —福州：福建科学技术出版社，2017.5（2023.5重印）
ISBN 978-7-5335-5303-6

Ⅰ. ①吴… Ⅱ. ①吴… Ⅲ. ①面包－制作 Ⅳ. ①TS213.21

中国版本图书馆CIP数据核字(2017)第071973号

书　　名　吴宝春的面包秘笈

著　　者　吴宝春
文字整理　杨惠君　黄晓玫
封面人物摄影　林志阳
内页摄影　王永泰　王汉顺（第4、7、8、14、16、41、85、130、154、201、214、215页）
照片提供　Shutterstock（第10、22、204页）

出版发行　海峡出版发行集团
福建科学技术出版社
社　　址　福州市东水路76号（邮编350001）
网　　址　www.fjstp.com
经　　销　福建新华发行（集团）有限责任公司
印　　刷　福州德安彩色印刷有限公司
开　　本　787毫米×1092毫米　1/16
印　　张　15
图　　文　240码
版　　次　2017年5月第1版
印　　次　2023年5月第5次印刷
书　　号　ISBN 978-7-5335-5303-6
定　　价　62.00元